JN027902

寄せ植えが映える

カラーリーフの
選び方・使い方

オザキフラワーパーク 監修

ⓘ 池田書店

はじめに

オザキフラワーパークでは、花苗・野菜苗・観葉植物・庭木などたくさんの植物を取りそろえ、緑がある豊かな暮らしを体験したときにわき起こる、ほかには代えがたい特別な気持ちを提供しています。

寄せ植えや庭に植える草花について質問されるお客様も多く、さまざまなアドバイスもしています。最近では、カラーリーフについてのお問い合わせも増えており、人気が高まっていることを感じています。

カラーリーフは、花と同じような感覚でカラフルな葉を観賞します。寄せ植え、庭植えともに彩りを添える役割があります。花を引き立てる脇役として使われることが多く、そのイメージが強いですが、主役としても使うことができるのです。そのほか、木陰などの半日陰の場所を明るくしたりするなど、その役割は実に多彩です。

カラーリーフの明確な定義はまだなく、本書では緑色以外の赤や黄色、クリーム色や黄色の斑が入るものなど、葉の色を楽しめるもの全般をカラーリーフとしています。

また、本書で紹介している草花は比較的手に入りやすいものを選びました。手に入らない場合は似た植物を選んだり、お近くの園芸店で気軽に相談してみてください。

カラーリーフの選び方・使い方のヒントとして、本書が少しでもお役に立てたら幸いです。

オザキフラワーパーク

カラーリーフの楽しみ方

カラーリーフにはたくさんの
種類があり、
寄せ植え、庭の植栽ともに
幅広く利用できます。

鉢の寄せ植えは自由に移動でき、
飾る場所を選びません。

花を引き立てるカラーリーフは
寄せ植えになくてはならない存在。

カラーリーフだけの寄せ植えは
長く葉色を観賞できます。

白やクリーム色の「斑」が入ったものは、
単体でも見ごたえがあります。

ピンクや白など葉色が豊富なことも
カラーリーフの特徴のひとつ。

寄せ植えに
欠かせない存在

カラーリーフの葉色や斑（ふ）と呼ばれる模様は、
花の引き立て役のほか主役としても楽しめます。

独特な葉の色や形、広がるもの、つる状のものなどタイプはさまざま。

カラーリーフは、花の少ない時期でも花壇を彩ります。

暗くなりがちな場所には、
半日陰で育つものを植えて明るくします。

飽きのこない
庭の植栽

花よりも落ち着いた色が多いカラーリーフは
やわらかな色合いの景色をつくります。

はうタイプのものは、グラウンドカバーとして土を隠してくれます。

美しい葉だけでなく、
花も楽しめるものがあります。

緑の中に赤色の葉があれば植栽
のアクセントとなります。

花が咲く時期には、カラーリーフが花色を補う名脇役になります。

Contents

本書の見方

PART3〜4の寄せ植えのページとPART6の図鑑ページの見方を解説します。
PART3〜4の構成は同じです。

❶植物名＋合わせるリーフ
主役の植物の一般的な植物名（または属名、流通名）をカタカナで表記。＋のあとに主役に合わせる植物のイメージを記載しています。

❷寄せ植えのポイント
植物の合わせ方や扱い方、コツなど、気をつけたいポイントを解説しています。

❸使用する鉢
寄せ植えに使用した器の内側のサイズと高さを表記しています。バスケットなどの持ち手は含みません。実際のサイズと異なる場合があります。

❹配置
使用する植物の位置を図で示しています。数字は使用する苗の数字とリンクしています。

❺使用する苗
寄せ植えに使用している植物名と数を記しています。園芸品種名や商品名がわかるものは、植物名のあとに（　）で記載しています。

❻手順
寄せ植えの作業手順を写真とともに解説しています。

❼寄せ植えのアレンジ例
主役の花、または共通する色を使ったアレンジ例を紹介しています。使用した植物名は写真内に記した番号とリンクしています。

PART 3〜4

❶植物名
一般的な植物名や属名、流通名をカタカナで表しています。園芸品種名がある場合は（　）内に記載しています。

❷植物データ
科名：植物分類学上の科名。同じ科の植物は性質が似ることが多く、栽培のヒントになります。
別名：別名がある場合に表記しています。
生育タイプ：一年草、二年草、多年草、宿根草、球根植物、常緑・落葉低木、つるなどに分けています。
日照：生育に必要な日照の目安です。日なたは6時間以上、半日陰は3時間程度、日陰は2〜3時間ほど日照のある場所です。
草丈：地植えした場合の成長後の高さを表しています。寄せ植えに使用する場合は、土の量が限られるので数値よりも低くなります。

❸特徴
植物に関する特徴や栽培のポイントを解説しています。

❶アルテルナンテラ（エンジェルレース）
❷ 科名 ヒユ科　別名 ―　生育タイプ 多年草（一年草扱い）
日照 日なた　草丈 10〜50cm

❸ 透き通るような白い斑が美しいカラーリーフ。若葉は白く、生育すると斑が消え緑色になる。日照を好むが、強い日差しでは葉焼けをするので、夏には半日陰で管理する。本来は多年草だが、暖地以外では冬越しが難しいので一年草として扱う。

PART 6

PART

カラーリーフの
基礎知識

カラーリーフはカラフルな葉の色が特徴ですが、
一般的な植物と育て方は同じです。
カラーリーフの特徴と基本的な管理・手入れの方法を紹介します。

カラーリーフとは？

まずは、カラーリーフとはどのような植物なのか、
その特徴を知りましょう。

葉の色を楽しむ「カラーリーフ」

　植物の葉の色といえば、緑を思い浮かべる人が多いかもしれません。ですが、赤や黄、シルバー、ブラックなどの葉色をもつ植物、クリーム色や黄色の斑が入ったものもあります。こういった葉の色を楽しむ植物が「カラーリーフ」です。一般的にカラーリーフとは、「葉色を楽しめる植物」「葉を観賞して楽しめる植物」の総称のことをいいます。明確な定義はまだないので、難しく考える必要はありません。
　カラーリーフには、一年草や多年草（宿根草）といっ

た生育サイクルが異なるものから、庭木、多肉植物、観葉植物といったジャンルのものまでさまざまあります。また、庭植えでも、鉢植えでも、場所を限定せずに育てられることもカラーリーフの特徴といえるでしょう。
　そのほか、どの季節でも違った楽しみ方があることや、メンテナンスや管理の手間が少なく育てやすいこと、寄せ植えのメインとしても、脇役としても使えるのも魅力です。なかには葉だけでなく、花も楽しめるものがあります。

カラーリーフだけで寄せ植え
ライムグリーンのワイルドストロベリーとミント、斑入りのナツメグゼラニウム、ブラックリーフのレプティネラ。葉の色も葉の形の違いも楽しめる。

花より長く楽しめる
植物の花はある一定の時期しか咲かないが、カラーリーフは長期間葉の色を楽しめる。カラーリーフがあれば、花のない時期でも庭を彩る。

カラーリーフの色

本書では印象的な葉色をもとに9タイプに分けています。
各色は園芸的に呼ばれるもので、実際の色と異なる場合もあります。

【シルバー・グレー】

葉に白っぽい毛が生えるタイプ。青みがかった白〜灰色。写真：**シロタエギク**→P142

【シルバー・グレー】

葉に金属のような光沢があるタイプ。多肉質の観葉植物に多い。写真：**レックスベゴニア**→P149

【イエロー】 ○

株全体がイエロー。葉の先端がとくに色づく。写真：**カルーナ・ブルガリス**→P141

【レッド】 ●

葉全体が赤色になるタイプ。黄〜紫色に近い赤色全体をさす。写真：**コリウス**→P141

【斑入り】 ◐

葉の縁の色が抜けるタイプ。斑入りタイプには斑の入り方、色など多彩。写真：**ヤブコウジ斑入り**→P139

【ライム】 ○

若葉がライムイエローになるタイプ。成長した葉は緑に近くなる。写真：**リシマキア・オーレア**→P154

【ピンク】 ○

葉の先端がピンク色になるタイプ。白色の葉はほぼ光合成ができないので株元近くは緑になる。写真：**ハツユキカズラ**→P153

【ブラック】 ●

葉が濃い紫〜黒色のタイプ。黒に近い濃い色全体をさす。写真：**ハボタン**（光子ロイヤル）→P147

【ブラウン】 ●

葉がブラウンになるタイプ。光合成のためか一部緑に近い色が入る。写真：**コプロスマ**（コーヒー）→P137

リーフのタイプ

リーフは、大きく4つのタイプに分かれます。
それぞれの姿や形の特徴を知れば、理想の寄せ植えや庭をつくる際に演出力がアップします。

リーフのタイプによって印象が変わる

カラーリーフは成長する姿や形によって、「立ち上がるタイプ」「茂るタイプ」「広がるタイプ」「はう・垂れるタイプ」の大きく4タイプに分けられます。どのタイプを使うか、どのタイプと組み合わせるかによって、寄せ植え、庭や花壇の印象は大きく変わります。

「立ち上がるタイプ」は、比較的上方向にまっすぐ伸びるタイプです。高低差をつけて立体的に植えたいときに適しています。

「茂るタイプ」は、全体的にこんもりと茂るのが特徴

です。高さを生かした植えつけをしたい場合に、下段や中段に用いるとよいでしょう。

「広がるタイプ」は、上方向、または横方向に広がります。ボリュームを出したいときに最適です。

「はう・垂れるタイプ」は、はうように横に広がったり、茎が伸びて垂れ下がるタイプ。地面一面を覆いたいときや、動き、流れをつくりたいときなどにおすすめです。また、葉の形のタイプも知っておくと、演出力がアップします。

姿のタイプ

寄せ植え、庭への植栽どちらも、成長する姿や形のタイプによって
使える場所がある程度決まります。

【立ち上がる】

横にあまり広がらずにまっすぐ伸び、寄せ植えや花壇の中段〜後方へかけて植える。

比較的上方向にまっすぐ伸びるタイプ。
写真：**ヘーベ・バリエガータ**→P138

【茂る】

縦横に伸び、葉が茂ってこんもりとした姿になる。高さのある植物の根元など、幅広く利用できる。

全体的にこんもりと茂るタイプ。写真：**タイム（スパークリングタイム）**→P142

【広がる】

枝が垂れ下がらず、横へと広がる。鉢や庭の縁取り、広い面積をカバーするなど中段〜下段に使える。

上方向、または横方向に広がるタイプ。
写真：**エレモフィラ・ニベア**→P145

【はう・垂れる】

はうように横に広がり、ハンギングや庭のグラウンドカバーなど鉢や地面を覆うのに適している。

はうように横に広がり、茎が伸びて垂れ下がるタイプ。写真：**ダイコンドラ（シルバーフォール）**→P152

葉の形のタイプ

葉の形にはさまざまありますが、
「単葉（切れ込みなし）」「単葉（切れ込みあり）」「複葉」の大きく3タイプに分かれます。

【単葉（切れ込みなし）】

葉っぱといわれて一般的にイメージするタイプ。
卵のような形や細い形などさまざま。

ハート形。写真：**カラジューム**→**P136**

楕円形。写真：**アルテルナンテラ（コタキナバル）**→**P140**

シャープな葉形。写真：**ウンシニア（ファイヤーダンス）**→**P145**

【単葉（切れ込みあり）】

モミジなどに代表される、葉に深い切れ込みが入るタイプ。
変化をつける効果が期待できる。

複数の切れ込みが入る。写真：**シロタエギク**→**P142**

ハート形で切れ込みが入る。写真：**ノブドウ・オーレア**→**P153**

深く切れ込みが入る。写真：**レックスベゴニア**→**P149**

【複葉】

いくつかの小葉（しょうよう）がひとつの葉をつくるタイプ。涼し気な印象に。

羽状複葉。写真：**コロニラ・バレンティナ・バリエガータ**→**P137**

三出複葉。写真：**ワイルドストロベリー（ゴールデンアレキサンドリア）**→**P154**

小葉が5枚の掌状複葉。写真：**アメリカヅタ斑入り**→**P150**

15

一年草と多年草

カラーリーフには「一年草」と「多年草」の生育タイプがあります。
それぞれの生育サイクルを把握しておくことが元気に育てるコツです。

一年草と多年草の生育サイクルの違い

　草花の生育サイクルは、おもに「一年草」と「多年草」の2つのタイプに大きく分けられます。

　一年草は、タネまきから1年以内に枯れる植物のこと。多年草は、地上部が一年中残るものや地上部が枯れても根などが越冬し、再び生育サイクルを繰り返す植物を指します。この多年草の一部は、園芸では「宿根草」と呼ばれるものもあります。

　なお、「二年草」と呼ばれるタイプもあります。これは、タネまきから2年以内に枯れる植物のことを指します。

　一年草は1年以内に枯れてしまうことから、生育スピードが速いのが特徴です。そのため、彩りのポイントやアクセントに使うと効果的といえるでしょう。また、花を咲かせるものは大ぶりで花色が豊富なのも魅力です。花苗が多く、カラーリーフは少ないです。

　多年草は生育スピードが遅いものの、一度植えると数年は据え置き栽培で楽しむことができます。また、広がりながら芽吹いてくるため、ナチュラルな趣きがあるのも特徴です。カラーリーフのほとんどが多年草で、庭や寄せ植えのベースとして用いるとよいでしょう。

【一年草】

タネから1年以内に枯れる。花苗が多く、カラーリーフの種類は少ない。

写真：
観賞用ケール（ファントム）→**P145**

【多年草】

地上部が枯れても、根などで休眠して再び芽吹く。カラーリーフのほとんどが多年草。

写真：**オレガノ**（ユノ）→**P136**

落葉と常緑

低木は地上部が枯れずに残る。
葉が落ちるものを「落葉」
葉が通年ついているものを「常緑」という。

【落葉】
写真：
テマリシモツケ（リトルジョーカー）→**P138**

【常緑】
写真：
オレアリア（リトルスモーキー）→**P141**

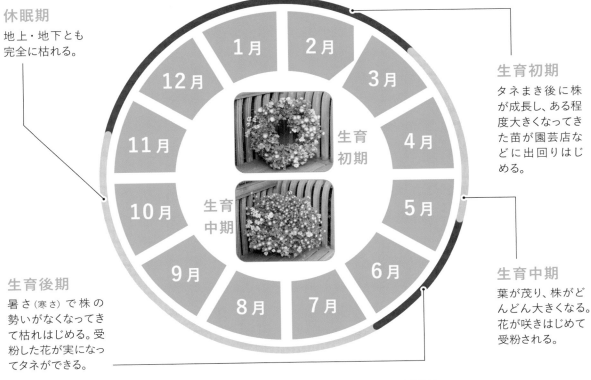

一年草の生育サイクル例（夏に休眠する場合）

休眠期
地上・地下とも完全に枯れる。

生育初期
タネまき後に株が成長し、ある程度大きくなってきた苗が園芸店などに出回りはじめる。

1月 2月 3月 4月 5月 6月 7月 8月 9月 10月 11月 12月

生育初期

生育中期

生育後期
暑さ（寒さ）で株の勢いがなくなってきて枯れはじめる。受粉した花が実になってタネができる。

生育中期
葉が茂り、株がどんどん大きくなる。花が咲きはじめて受粉される。

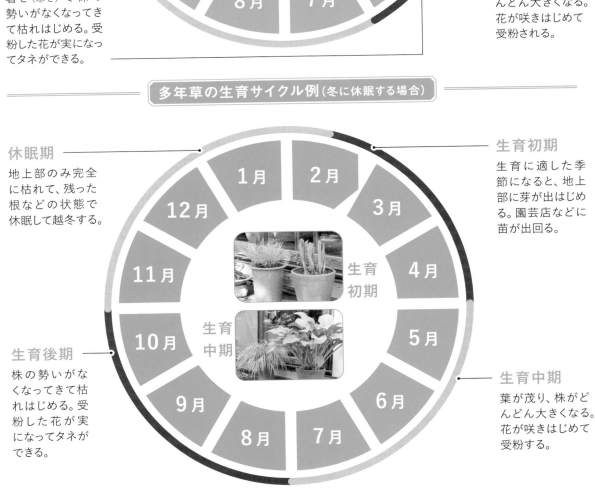

多年草の生育サイクル例（冬に休眠する場合）

休眠期
地上部のみ完全に枯れて、残った根などの状態で休眠して越冬する。

生育初期
生育に適した季節になると、地上部に芽が出はじめる。園芸店などに苗が出回る。

1月 2月 3月 4月 5月 6月 7月 8月 9月 10月 11月 12月

生育初期

生育中期

生育後期
株の勢いがなくなってきて枯れはじめる。受粉した花が実になってタネができる。

生育中期
葉が茂り、株がどんどん大きくなる。花が咲きはじめて受粉する。

土について

カラーリーフを育てるときには、
どのような土を使うとよいのか解説します。

基本的に水はけのよい土で育てる

　土は生育に大きな影響を与えるため、土づくりは重要な作業です。

　鉢植えの場合は、基本的に園芸用や寄せ植え用の市販の培養土で、水はけのよいタイプを使えば問題ありません。市販の培養土には、あらかじめpHが弱酸性に調整され、排水性や保肥性などがよくなるようにさまざまな土が調合されています。こういった市販の培養土なら土をつくる手間も省けます。

　庭植えの場合は、水はけがよく、また保水力があり、通気性、保肥性の高い「団粒構造」の土にします。団粒構造の土をつくるには、土を掘り起こしてよく耕し、ふかふかの土にすることです。ただし、これだけだと長期間団粒構造を保てないので、堆肥や腐葉土などの有機物をたっぷりと土に混ぜ込んで、よく耕すとよいでしょう。有機物を混ぜ込むと、有機物を分解する微生物の活動が活発になり、団粒化します。また、有機物が分解されてできた無機物が植物の栄養になります。

　なお、植物によって好みの土質が異なるので、土の改良材などを用いて調整することも可能です。

鉢植えの土

鉢植えでは、草花用の培養土がお手軽。

【培養土】

草花・野菜栽培用の一般的な培養土。水はけ、水もちがよく肥料も入っているものも多い。通常リットル単位で売られている。

【水はけをよくする】

水はけをさらによくするなら、草花用の培養土と赤玉土中粒を2：1の割合で混ぜるとよい。赤玉土は1年ほどで崩れるので、毎年土を入れ替える必要がある。

おもな土の改良材

土をよくするためには、堆肥や腐葉土などをよく混ぜて土の状態をよくします。
これらを入れることで土の水はけ、水もちが改善され植物に適した土になります。

【堆肥】

家畜のふんやワラなどの植物を混ぜて発酵させたもの。肥料分も少し含むが材料によって肥料の成分が変わる。

【腐葉土】

落葉樹の落ち葉を発酵させたもの。肥料分は含まれず、植えつけのときは肥料を与える。

【バーク堆肥】

木の皮（バーク）を原料に、細かく砕いて発酵させたもの。肥料分はほぼなく、植えつけのときに肥料を与える。

庭植えの土づくり

植えつける場所に穴を掘り、土と堆肥をよく混ぜます。

1 植えつけ場所に穴を掘る。深さは植えつける苗の根鉢の大きさの倍くらいの深さまで掘る。

2 苗を入れたときに根鉢の肩が地面より少し下になるくらいの堆肥を穴に入れる。

3 掘った土と堆肥を穴の中でよく混ぜる。このとき肥料も一緒に入れる。

肥料の使い方

植物に肥料を与えることで、
生育に必要な養分を補い、葉や花の色をよくする効果があります。

肥料は与えすぎない

肥料には、固形肥料と液体肥料があります。

固形肥料は、骨粉、油かすなどを固めてつくる「有機質肥料」と、チッ素、リン酸、カリなどを化学的に合成した「化成肥料」の2種類です。有機質肥料はゆるやかに長く効果が続きます。化成肥料はすぐに効果が表れ、効果が短いものと長いものがあります。

液体肥料は、水で希釈して使う液状の肥料です。液体なので植物がすぐに吸収でき、効果が表れるのが早いのが特徴です。また、植物の状態に合わせて調整できるというメリットもあります。固形肥料を使わない場合は一定間隔で与えます。

肥料を与えるタイミングは、植えつけのときと、切り戻した後、花が咲いた後です。ただし、真夏や真冬の時期は避けて、春や秋といった気温の穏やかな時期に与えます。なお、植えつけのときに肥料が混ざっている培養土を使う場合には、肥料を与える必要はありません。

肥料を与える量は、どの種類であっても少量にとどめておきましょう。量が多いと障害が発生することもあるので注意してください。

固形肥料の使い方

おもに植えつけのときに使う肥料で、
長期間効果が持続するものを選びましょう。

【化成肥料】
草花用のものを選ぶ。生育に必要なチッ素、リン酸、カリがバランスよく含まれる。

【使い方】
鉢植え・庭植えとも、植えつけの際に用土（土）に施して軽く混ぜる。その上から土を2〜3cmくらいかぶせる。効果が切れたら、株元にまくか液体肥料に切り替える。

液体肥料の使い方

液状で水やりと同じ要領で与える肥料。
すぐに効果が表れますが、持続性はありません。

【液体肥料】
固形肥料と同じように草花用のものを選ぶ。正しい用量用法を守る。

【使い方】
ラベルに書かれている量をジョウロに入れて水で希釈する。水やりと同じ要領で数日おきに1回与える。鉢植え・庭植え共通。

苗の選び方

草花を楽しむための第一歩は、よい苗を選ぶことからはじまります。
ここでは、よい苗を選ぶポイントを紹介します。

よい苗を選べば失敗が少ない

草花を育てる際に、最初にやるべきことがあります。それは、よい苗を選ぶことです。

よい苗か悪い苗かを見極めるには、苗全体、葉、茎などをチェックします。よい苗は、全体的にしっかりとした印象があり、茎は太く、葉色は濃く、張りがあります。一方、悪い苗は見た目がひょろっとしていて徒長していることがよくあります。葉色は薄く、葉先が傷んでいたりするものは選ばないほうが無難です。

また、最近ではインターネットで苗を購入することもできますが、園芸店やホームセンターの園芸コーナー

に足を運び、苗が置かれている環境や、管理が行き届いているかどうかを確認するのもよい苗選びのポイントといえるでしょう。明らかに入荷してから時間が経って弱った苗は避けます。

もうひとつ気をつけたいのが苗の購入時期です。一般的に、植えつけに適した時期に苗が園芸店に出回ります。ただし、気候や植えつけ場所の環境によっては、植えつけ適期が前後することもあります。実際の気候条件などを考慮して、植えつけに適した時期に購入しましょう。

苗を選ぶポイント

苗の良し悪しはその後の生育に大きく影響します。
園芸店では、悪い苗はほとんどありませんが、一般的に注意したいポイントを紹介します。

よい苗

❶花苗は次に咲くつぼみがついている

❷茎が太めで節と節の間が間延びしていない

❸葉の色が濃く、変色していない

❹株元がぐらつかずにしっかりしている

悪い苗

❶花苗は次に咲くつぼみが少ない

❷茎の節と節の間が間延びしている

❸下部の葉が変色している

❹触ると株元がぐらつsいている

置き場所と植え場所

植物それぞれの性質を知って、
栽培に適した置き場所・植え場所を選びましょう。

植物に適した場所で栽培を

　植物にはさまざまな種類があります。そのため、それぞれの植物によって栽培条件が異なることを知っておきましょう。

　植物の栽培条件には、日照、土質、風通し、温度（耐寒性・耐暑性）、水はけなどがあります。それぞれの植物に適した場所で栽培することが大切です。

　とくに注意すべきは日照条件です。たとえば、日なたで育てると本来の葉色が出て、より美しく育つものもあれば、反対に葉焼けを起こしてしまうものもあります。日なた、半日陰、日陰、それぞれに適した植物を選びましょう。

　また、庭植えで土の湿り気や乾燥が極端に強い場所は、土に堆肥などをすき込み、改良作業を行ってから植えるようにしてください。

　置き場所・植え場所のポイントは、「飾りたい場所・植えたい場所に適した植物を選ぶ」もしくは「育てたい植物に合わせて場所を選ぶ」ことです。各植物の栽培条件と栽培環境を照らし合わせて、置き場所・植え場所を選びましょう。

鉢の置き場所

鉢植えは植物の特性に合わせて自由に移動させましょう。
不適切な置き場もあるので注意します。

【日なた】
ほとんどの植物は日なたを好む。日当たりと風通しのよい場所を選んで置くとよい。

【半日陰】
1日3時間ほど日の当たる場所。半日陰を好む植物、夏の西日で葉が傷むものに向く。

【室外機の前】
強い風が吹く場所なので、植物が乾燥して傷みやすい。室外機の上に置く際はラックを利用する。

【室内】
室内は日の光が弱い。窓辺で1日3時間くらい日が当たるなら半日陰を好む植物を選ぶ。

庭植えの植え場所

庭植えの場合、植えたあとに移動できないので、
植えつける場所は植物の特性を知ったうえで適切な場所へ植えつけます。

【日なた】
ほとんどの植物に向く。夏の西日が当たる場所では、
よしずを立てるなど強光を遮る工夫が必要。

【半日陰】
半日陰を好む草花、とくに斑の面積が広いもの
など葉が傷みやすいものに向く。

【木陰】
半日陰よりも日当たり
の悪い場所では、日陰
に強い植物を選ぶ。

庭の植栽

庭植えは鉢植えと違い、成長する大きさも把握しておくことが大切。
成長後にはすき間もないほど茂るので、植えるときは株の間隔を大きくあける。

4月上旬の植栽。
間隔をあけて植える。

4月下旬の植栽。
すき間が少なくなる。

6月上旬の植栽。
地面が見えないほど茂る。

植えつけ方

鉢植えの場合は市販の培養土を使えば失敗が少なく済みます。
庭植えでは腐葉土や堆肥などを使います。

よい苗を適期に植える

植えつけは、鉢植えの場合も、庭植えの場合も、よい苗を準備し、適期に植えつけるようにしましょう。極端に暑い時期や、寒い時期といった適期以外に植えつけると、うまく育たないことがあるので注意してください。

鉢植えの場合は、基本的に苗が出回る時期に植えつけます。苗の入っているポットよりも1.5〜2号（直径4.5〜6cm）程度大きい鉢を用意し、市販の培養土を使って植えつけます。このとき、苗の根鉢の上部と培養土の高さを同じにするのがポイントです。

庭植えの場合は、苗を入手したらすぐに植えつけず、まずは1週間ほど半日陰で管理して環境に慣れさせるようにします。こうすることで、強い光による葉焼けや落葉を防ぐことができます。また、苗が早く出回ることがあるので、植えるときは十分気温が高くなってから植えつけるとよいでしょう。

なお、植物と庭の土質が合っているかどうかわからない場合には、苗より2回りほど大きく植える穴を掘り、市販の培養土を入れて植えつけるようにするとよいでしょう。

鉢への植えつけ方

ここでは鉢植えの基本を紹介します。
寄せ植えでも共通することなのでしっかりとポイントを押さえましょう。

1 鉢底の穴に合うように切った鉢底ネットを底に敷き、鉢底石を入れる。内径24cmの鉢なら2cmほど入れる。

2 用土と肥料を入れて混ぜる。苗を入れたときに根鉢の肩が鉢の縁から2cm（内径24cmの場合）くらい下になるよう調整する。

3 株元近くの葉が傷んでいることが多いので、見つけたら摘み取る。根鉢の底に根が回っていたら広げる。

4 苗を植えて用土を入れる。根鉢の少し上まで用土をかぶせる。

5 棒などで突いてすき間を埋める。このときやさしく突いて土を固めないように注意。

6 用土と根鉢が密着するようにたっぷりと水やりをする。

庭への植えつけ方

庭植えのポイントは成長後の姿をイメージして
株と株の間隔を広く取ることです。

苗の根鉢が入るくらいの深さよりやや深く植え穴を掘る。

土の状態をよくするために、穴に腐葉土を入れて土とよく混ぜる。腐葉土の量は3号ポットでひとつかみ程度。

効果が長く続くタイプの肥料を入れ、土を少し戻してよく混ぜる。

苗を置いて高さを見る。根鉢の肩が土の表面よりやや下になるように、土を足し引きして調整する。

根鉢を崩さないように取り出し、株元の傷んだ葉や用土に触れている葉は、蒸れ・傷みの原因になるので取り除く。

苗の正面が見る方向になるよう、向きを調整して植え穴に入れる。

土を植え穴に戻し、根鉢の少し上まで土をかぶせる。根鉢と土が密着するように株元を軽く押さえる。

土と根鉢がさらに密着するように、たっぷりと水やりをする。

水やりのタイミングと方法を知って、
栽培管理をしましょう。

土が乾いていたら水やりのサイン

水やりは栽培管理で重要な作業ですが、与えすぎないことが水やりのコツです。水を与えすぎると、根腐れを起こしたり、病害虫の原因になったりすることもあります。正しい水やりのタイミングと、水やりの方法を覚えましょう。

鉢植えの場合は、土が乾いていたら水やりのタイミングです。鉢の底から水が出るまでたっぷり与えます。このとき、花や葉に直接水がかからないようにしてください。株元の土に水を与えるようにしましょう。

庭植えの場合は、基本的に頻繁な水やりは必要ありません。その理由は、雨によって庭の土が完全に乾いた状態になることがほとんどないためです。ただし、土が乾いた状態になるときもあります。たとえば、植栽して1年目のときや、真夏で乾燥する状態が続く時期、水はけがよすぎる土質の場所、斜面に庭をつくった場合などです。こういったケースでは土が乾きやすいので、水やりを行います。庭植えの水やりの方法は鉢植えと同様です。株元の土にたっぷり水を与えます。

【鉢の水やり】

できるだけ草花に水がかからないようにたっぷりと水を与える。

鉢の底から水が流れ出るまで与える。

【庭の水やり】

土の中までしっかりと染み込むまでたっぷりと与える。

表面が湿っていても土の中は水が染みていないことがあるので注意。

管理の基本② 手入れ

株の整理やせん定・切り戻しといった手入れは、
株の健康維持と見た目をキープするために行います。

株をきれいに保ち、生育に適した環境にする

　草花の基本的な手入れ作業は、「株の整理」と「せん定・切り戻し」です。

　株の整理は、おもに宿根草に行う作業です。茂りすぎて風通しが悪くなったり、意図しない広がりを見せるようなら、ある程度の茎葉または株を残して摘み取ります。また、複数の茎や葉が伸びたり広がりすぎたりする場合はいくつか株を残して株元から刈り取ります。一年草は、枯れたら株ごと抜き取るようにしましょう。

　せん定・切り戻しは、しっかりした株づくりと美しい見た目を保つために行います。草丈が伸びすぎたり、不要になったりした茎は切り戻します。低木は、伸びすぎて樹形を乱す枝をせん定して、形を整えましょう。

　花がら摘みが必要な植物もあります。花がら摘みは、花後に株全体の体力を維持し、見た目をきれいに保つために行う作業です。また、花がらによって株が蒸れて傷んだり、病害虫の被害を防ぐという役割もあります。花後は花がらを摘んで、清潔な環境にすることも大切です。

【株の整理】

1

茎葉が伸びすぎて広がり、茂りすぎるようなら整理をする。

2

広がりを抑えたいところまでハサミで切る。切るときは葉のつけ根すぐ上で切ると新たな芽が出てくる。

【せん定・切り戻し】

1

伸びすぎて見た目が悪くなった株。一度全体に切り戻して株の若返りを図る。

2

全体の1/3程度の高さまで切る。このあと液体肥料を与えて株の成長を促す。

【花がら摘み】

1

花が終わったものは、見栄えも悪く病気の原因にもなる。

2

花の茎のつけ根からハサミで切り取る。見栄えもよく、株の成長もよくなる。

必要な道具

植物を育てる前に道具を用意しておきましょう。
道具は、植えつけや管理の際に使います。

ハサミ

花がら摘みや根鉢を小さくするとき、不要な根を切り落とすときなどに使う。刃先が細いものがおすすめ。

土入れ

鉢に鉢底石や培養土を入れるときに使う。大小サイズ違いのものを用意しておくと使い分けられ、便利。

移植ごて

庭植えで狭い範囲に植えつける際に使用。柄が一体のものかしっかりしたものがよい。

スコップ

庭植えで広範囲に堆肥などをまく際に使用。スコップの刃は一般的に30cm。

棒

植えつけた苗の根鉢の間にしっかりと土を詰め込むため、土を突くときに使う。割り箸でも代用できる。

鉢底ネット

鉢底の穴をふさぐネット。切り出して使う。セットすると、水やりのときに土が流れるのを防ぐ。また害虫の侵入防止にも。

ポットフィート

鉢をのせる足台。鉢底が地面やベランダに直接触れるのを防ぐ。虫の侵入を防止し、鉢が熱くなりにくい。

受け皿

室内で床が汚れないように鉢を置く。また、土と肥料を配合する際に用いたり、根鉢の土を落とすときの受け皿として使う。いろいろな場面で重宝。

ジョウロ

水やりや液体肥料を与えるときに使う。水やりのときはハス口をはずし、株元に水を与えることが大切。

鉢底石

鉢の排水性と通気性をよくするために、粒の大きな軽石を鉢底が見えなくなる程度敷き詰める。

水苔

寄せ植えでは乾燥防止、水やりで水や土がこぼれないように使用。使うときは水にしっかり浸して水気を軽く絞り、土の表面に敷く。

パームファイバー

ヤシがらの繊維でできており、水苔同様、乾燥防止や保温効果、土の目隠しとして使う。

2

寄せ植えのコツ

寄せ植えは、好みの植物を選ぶことからはじまります。
その植物の役割、色・形の組み合わせ方など、
いくつかのポイントを押さえて寄せ植えにチャレンジしましょう。

リーフの役割

カラーリーフの役割を知っておけば、
より美しい寄せ植えをつくることができます。

「脇役」「主役」「アクセント」の3つの役割

寄せ植えでオールマイティーに使えるカラーリーフ。寄せ植えにおけるカラーリーフの役割を意識すれば、より美しい寄せ植えをつくることができます。役割はおもに3つあります。

もっともカラーリーフが使われる場面が多いのは「脇役」です。花だけの寄せ植えに近い色のリーフが入れば、花色を補完するとともに、ナチュラルな仕上がりになります。

2つ目は、「主役」としての役割です。カラーリーフには、カラフルな色、個性的な形をもつものがあります。存在感のあるもの、インパクトがあるものなら、メインに使うとよいでしょう。カラーリーフは花よりも長い期間観賞できるものが多く、常緑のものなら一年中楽しめるものもあります。観賞期間が長いこともカラーリーフのメリットです。

3つ目は、「アクセント」としての役割です。花などの主役の色と反対の色を加えることで、主役の色を強調させます。さらに、寄せ植え全体のデザインにメリハリをつけ、引き締める効果を発揮します。アクセントとして使う場合は、少し入れるだけで効果が期待できます。

カラーリーフの役割

寄せ植えにおけるカラーリーフの使い方のポイントを押さえましょう。

1

脇役としての役割

カラーリーフは一般的に花の色を補うため、土を隠すためなどに広く使われる。

2

主役としての役割

存在感のあるカラーリーフは主役として用い、リーフだけの寄せ植えにもできる。

3

アクセントとしての役割

色の明暗、補色などのリーフを使い、全体の色を引き締めるときなどに最適。

カラーリーフの効果

花だけの寄せ植えに、
カラーリーフを加えるだけで見違えるような華やかさになります。

1

花だけの寄せ植え

ビオラ単体の寄せ植え。色だけの変化で単調になりがちになる。葉が茂るまで土が見えてしまう。

2

＋リーフ１種類

斑入りのヘデラを追加。リーフと花の形が対比し見た目の変化がつき、土も隠せる。

3

＋リーフ２種類

ロータスを追加。小さいリーフが入り、大きさの違いによって、にぎやかになる。

4

＋リーフ３種類

中心にコロニラを追加。花色を損なわない色で統一し、高さのあるリーフが入ることで立体感を出せる。

寄せ植えの基本のつくり方

寄せ植えは5つのステップでつくることができます。
基本のつくり方をマスターしましょう。

「主役」「タイプ」「脇役」「器」「レイアウト」を決める

寄せ植えは、以下の5つのステップで行います。

❶ 主役となる植物を選ぶ
❷ 寄せ植えのタイプを決める
❸ 脇役となる植物を選ぶ
❹ 器を選ぶ
❺ レイアウトする

まずは主役となる植物をひとつ選んでください。選んだら、その植物の花期や性質を調べます。

次に、寄せ植えのタイプを決めます。寄せ植えのタイプには「高さのある寄せ植え」と「茂る寄せ植え」があります。主役となる植物の草丈や性質からどちらかを選ぶとよいでしょう。

寄せ植えのタイプが決まったら、脇役となる植物を選びます。主役の植物を引き立たせるような植物を合わせるのがポイントです。

主役と脇役の植物、寄せ植えのタイプを決めたうえで器を選びます。主役の植物を生かす色や素材のものを選ぶのがおすすめです。

最後に、植物を器のどこに配置するか、レイアウトを考えて、植えたら完成です。

主役となる植物を選ぶ
好みの植物を選び、花期や性質を調べる。複数選ぶと難易度が上がる。

寄せ植えのタイプを決める
選んだ植物の性質に合わせて「高さのある寄せ植え」「茂る寄せ植え」のどちらかを選ぶ。

脇役となる植物を選ぶ
主役の植物を引き立たせる、色や形の違うカラーリーフや花を組み合わせる。

器を選ぶ
植える植物が決まったら、主役の植物を生かす色や素材の器を選ぶ。

レイアウトする
器にどう配置していくかイメージする。過不足があれば調整する。

寄せ植えの3つのルール

寄せ植えに使う植物を選んだあとに、
どんな性質なのか調べておくことが大切です。

植物の「性質」「開花期」「成長後」をチェック

どんな寄せ植えをつくるときにも、共通するルールが3つあります。このルールを守れば、長期間美しさをキープしながら寄せ植えを楽しめ、なおかつ管理もしやすくなるのがメリットです。

1つ目のルールは、温度や日当たり、風通しなどの栽培条件が似ている植物同士を組み合わせることです。寄せ植えは、同じ器の中で異なる植物を組み合わせて楽しむもの。そのため、同じ環境を好む植物同士の組み合わせにすれば、管理がしやすくなります。

2つ目は開花期を調べておくことです。開花期が長いものなら、観賞期間も長くなります。また、同じ開花期の植物を組み合わせれば、開花期には豪華な寄せ植えを楽しめます。

3つ目は、植物の成長後をイメージしておくことです。植物が成長すると、草丈が伸びたり、横に広がりを見せたりすることがあります。それを見越して、ほんの少しゆとりを持たせて植えつけるようにしましょう。植えつけ後2週間〜1か月ほど経過すれば、なじんできて美しさがアップします。

1

栽培条件を合わせる

同じ植物、または同じ科の植物（一部を除く）であれば、栽培条件がそろいやすい。

2

開花期を調べる

開花期が同じものを組み合わせれば、複数の花が咲く寄せ植えにできる。

3

植えつけ後

20日後

成長後の姿をイメージ

はじめは物足りないが、リーフが茂ってくると次々と変化し、ナチュラルになる。

レイアウトのコツ

ナチュラルかつ立体感のある寄せ植えをつくる
レイアウトのコツを紹介します。

レイアウトのコツは「整えすぎない」こと

寄せ植えのタイプは基本的に「高さのある寄せ植え」と「茂る寄せ植え」に分けられます。どちらにも共通するレイアウトのコツは、「正面を決めること」と「植物の配置・色は整えすぎないこと」です。

正面は、植物にも鉢にもあります。よりよく、きれいに見える位置を探して正面にしましょう。

植物の配置は一部を除き、きれいに並べるよりも多少崩して配置したほうが奥行きや立体感が生まれます。また、色も同様で、同じような色の植物同士が隣り合わないようにすると、ナチュラル感が出ます。

「高さのある寄せ植え」のレイアウトのコツは、高低差をつけることです。高さの違う草花を上段・中段・下段と分けて配置します。このとき、やや不規則になるようにレイアウトするのがポイントです。そうすると奥行きが出て、立体的に見えます。

「茂る寄せ植え」は反対に規則的に配置します。主役の植物の株数が奇数の場合、上から見て三角形に、偶数の場合、対角線上に植えます。空いている空間に脇役の植物を植えつければ、全体にバランスの取れたレイアウトになります。

正面を決める

植物は葉の表や花がよく見える方向が正面、鉢は目立つ部分が正面です。

【植物の正面】

苗の花がよく見える、葉の表が広がっている位置が正面になる。

【わかりやすい鉢の正面】

文字があるものは文字を正面に、横長の鉢は面積の広い部分が正面になる。

【植物の背面】

背面は花や葉の裏側が多く、見栄えがあまりよくない。

【わかりにくい鉢の正面】

模様や柄のある丸鉢は、色の面積や模様が偏りすぎない位置を正面にする。

高さのある寄せ植え

規則的に配置するとかたい印象になるので、不規則に配置します。

【上段・中段・下段に配置】

横

上段

中段

下段

草丈の高い植物から順に、上段・中段・下段に分けて組み合わせる。正面から見ると立体的な寄せ植えになる。

【不規則に配置する】

正面

上段・中段・下段が不規則に左右に振り分けられることで自然に見える。

茂る寄せ植え

高さがほぼ同じ苗でそろえる場合は、規則的に配置します。

【対角線上に配置】

偶数株を植える場合は対角線上に配置。できるだけ同じ色のものが隣り合わないようにする。

【三角形に配置】

3株または6株植えるときは上から見て三角形になるように配置する。

色の組み合わせ方

寄せ植えのイメージを左右する花や葉の色の組み合わせ。
色の組み合わせは無数にありますが、パターンを使えば難しくありません。

色相環を参考にパターンを当てはめる

色の組み合わせにはパターンがあります。このパターンに沿って色を組み合わせれば、失敗が少なくなるので試してみてください。
色の組み合わせのパターンは次の5つです。
・同系色でまとめる
・類似色でまとめる
・主役の色と脇役の色を反対色にする
・色のトーン（明るさの度合い）を統一する
・花にふくまれている色でまとめる
　実際に色の組み合わせを考えるときには、色相環を参考にするとよいでしょう。色相環は、白・黒・灰色を除いた色相を環状に配置したもので、隣り合う色同士は「類似色」、対角線上にある色は「反対色」、正三角形を結ぶ位置にあるものは「3色配色」となり、相性のよい色の組み合わせとなります。
　もし、色の組み合わせ方が難しいと感じた場合は、同じ色で濃さなどが違う「同系色」でまとめてみましょう。同系色なら植物の色が自然なグラデーションになり、美しい寄せ植えになるはずです。また、色数を2色または3色に絞ると、色の組み合わせを考えやすくなります。

色相環

色を環状に配置したものが色相環です。
植物の色の組み合わせは色相環で考えます。

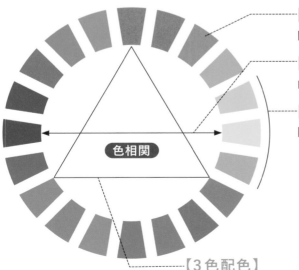

色相関

【同系色】
同じ色のうち、彩度や明度の違う色。統一感が生まれる。

【反対色（補色）】
向かい合う色。お互いの色を際立たせる効果がある。

【類似色】
隣り合う色同士はなじみやすく、調和しやすい。

【3色配色】
正三角形の位置にある色。
相性がよくお互いを引き立て合う。

【白・黒】
白と黒はどの色とも組み合わせやすく、
つなぎや引き立て役になる。

色の特徴

色を選ぶときは、明るさや鮮やかさなども考えなければなりません。

彩度が高い

彩度が低い

【彩度】
色の強さや鮮やかさの度合い。彩度が高いほど派手な色になり、低いと落ち着いた色になる。

【明度】
色の明るさの度合い。明度が高いほど明るく白色に近くなり、低いと暗いグレーや黒に近くなる。

明度が高い

明度が低い

【複色】
複数の色を持つもの。2つ以上の色があるので、寄せ植えではいずれかの色に合う植物を選ぶ。

【青色・黄色ベース】
色には青色がかったものと、黄色がかったものがあり、ベースとなる色を合わせることも大切。

青色ベース

黄色ベース

苗の扱い方

寄せ植えではたくさん苗を植えつけます。
根鉢を整理することで、植えつけスペースを確保しましょう。

根は切らずに土を落とす

苗を植えつけるときに注意したいのが、根です。根はできるだけ切らずに残したほうが、その後の成長もよくなります。

ポリポット（ポット）に入った苗は、多くの場合、根が回っているので、根鉢の土を軽く落としてから植えつけましょう。根鉢の土を落とすことで、新しい根が伸びやすくなります。また、植えつけスペースが広がりたくさんの苗を植えつけられたり、苗を植える角度が調整しやすくなります。なお、根鉢を水に浸けて土だけを洗い落とす方法もあります。

また、株分けによって根鉢を小さくすることもできます。植えつけスペースが主役の植物に割かれていて、脇役の植物が入らない場合に有効です。ただし、株分けできるのはポットに数本の株が植えてあるもの、根を切ってもダメージの少ない植物に限ります。

そのほか、あと少し植えつけるスペースが足りないという場合には、スペースに収まるよう根鉢を軽く握って形を整えて植えつける方法もあります。ただし、種類や生育時期によっては、根を触らないほうがよい場合もあります。

苗の基本

苗はポットから抜き出して植えつけます。
苗の扱い方を知る前に、部位の名前や特徴を知りましょう。

根鉢
株元
下葉

【部位の名前】

根鉢：ポットに入っている根と土の部分
株元：土の上部と株の根元部分
下葉：株元に近い部分の葉

【根鉢の大きさ】

根鉢はポットの大きさによって変わる。植えつけの際は、土の上部がすべてそろうように、入れる土の量を変えて高さを調整する。

【苗の取り出し方】

多くの苗はポットの状態で出回り、苗を取り出すときは軽く傾けてポットの底を持ってまっすぐ引き抜く。

苗の扱い方

取り出した苗は、植えつけ前に準備が必要です。
寄せ植えではスペースが限られるため、土を落としたり、株分けをしたりすることもあります。

【下葉を整理する】
株元の葉が土についていたり、変色している場合はつけ根から摘み取る。また、初夏〜夏に生育するものは、蒸れや病害虫を防止するために下葉をあらかじめ整理する。

【苔は取り除く】
土の表面に苔が生えていたら、養分が取られるので土ごとつまむように取り除く。

【底の根をほぐす】
根鉢の底に根が回っていたら、植えつけ前に根を広げるようにほぐす。このとき根を切らないように注意する。

【土を落とす】
低木や細い根が少ないものは、根鉢の上部や側面を縦にひっかくように土を落とす。できるだけ根を切らないように注意。

【株分けをする】
株を2つ以上に分ける「株分け」は、株が複数あるもの、ダメージが少ないものが可能。根鉢の中央からできるだけ根を残すように分ける。枝が長く広がるものは、流れの向きがわかるように並べておくと使いやすい。

寄せ植えの基本①
高さのある寄せ植え

高さの異なる植物の高低差を利用すれば、立体的な寄せ植えをつくれます。
銅葉系のダリアなら、花が終わったあともリーフとしても楽しめます。

用意するもの

【鉢】
内径19cm、高さ14cm

❶ ダリア

❷ 銅葉イネ
（オリザ de ショコラ）

❸ コリウス

❹ コリウス
（グレートフォール
アラマレ）

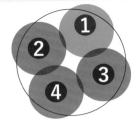

レイアウトを考える

配置をイメージし、草花の正面を決める。色の並びや形が単調にならないようにする。

苗を取り出す

ポットを傾けて、根鉢を崩さないように底をもってまっすぐに引き抜く。

苗の手入れをする

枯れ葉や傷んだ葉があれば摘み取る。蒸れ防止のために株元の葉を取ることもある。

主役を植えつける

主役や高さのあるものから植える。根鉢の上部が鉢の縁から2cmほど下になるよう植えつける。

脇役の手入れをする

脇役も枯れ葉や傷んだ葉をつけ根から摘み取る。葉先が傷んでいたらきれいにカットする。

脇役を植える

主役とのバランスを見ながら背の高いものから順番に植える。高さがそろわないときは土を足して調整する。

土を落とす

残りの脇役のうち、土を落としても問題ないものは、土を落として根鉢を小さくしてから植える。

土を入れる

すき間に土を入れる。水やりのスペースのために、鉢の縁から下2cmほどまで入れる。

棒で突く

土を入れた部分を棒で軽く突いて土をつめる。すき間ができたら土を足して繰り返す。

全体を整える

葉の位置を調整し、絡んでいる部分を広げるなどして見栄えをよくする。

水やりをする

根鉢と土が密着するように鉢底から水が流れ出るまでたっぷりと水やりをしたら完成。

寄せ植えの基本②
茂る寄せ植え

対角線上、または三角形に配置し、バランスのよい寄せ植えを目指しましょう。
茂るタイプのカルーナと高さが同じ広がる植物を合わせます。

用意するもの

【鉢】

幅23cm、高さ12cm、
奥行き19cm

❶ カルーナ・
ブルガリス

❷ セロシア
（サンデーグリーン）

❸ ムラサキシキブ
（シジムラサキ）

❹ ナツメグゼラニウム・
バリエガータ

1

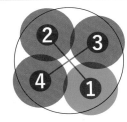

レイアウトを考える

配置をイメージし、草花の正面を決める。斑入りなど同じ色調のものが並ばないように対角線上に配置する。

2

株元の葉を摘み取る

苗を取り出し、蒸れ防止のために株元の葉を摘み、風通しをよくする。

3

傷んだ葉を摘み取る

枯れ葉や傷んだ葉があれば、植えつけ前にすべて摘み取っておく。

4

脇役を植えつける

配置が単純なので奥から植える。根鉢の上部が鉢の縁から2cmほど下になるよう植えつける。

5

主役の手入れをする

カルーナなどの常緑低木は苗の期間が長いため、苔が生えやすい。生えていたら取り除く。

6

主役を植える

正面や位置を確認しながら植える。高さがそろわないときは土を足して調整する。

7

土を入れる

すき間に土を入れる。水やりのスペースのために、鉢の縁から下2cmほどまで入れる。

8

棒で突く

土を入れた部分を棒で軽く突いて土をつめる。すき間ができたら土を足して繰り返す。

9

全体を整える

葉の位置を調整し、絡んでいる部分を広げるなどして見栄えをよくする。

10

水苔を敷く

水やり後に縁から水がこぼれないように、水で湿らせた水苔を縁の周囲に敷く。

11

水やりをする

根鉢と土が密着するように鉢底から水が流れ出るまでたっぷりと水やりをしたら完成。

寄せ植えの手入れ

見頃が終わった寄せ植えでも、傷んだ葉を手入れすれば長期間楽しめます。
また、入れ替えた多年草などはポットに移して養生すれば別の寄せ植えに使えます。

植えつけ2週間後
植えつけから2週間たつと、全体に花や葉が茂り、花・葉ともに見応えのある寄せ植えになる。

植えつけ6週間後
枯れた葉、花が出てきて、見栄えもあまりよくない。番号順（下記）に手入れをしてきれいにする。

❶花の切り戻し

花の茎の下にある葉がついた部分まで切り戻す。こうすることで葉のわきから新しい花の芽が出てくる。

花がらがなくなり、全体的にボリュームが抑えられた。次の花が咲くまで液肥などを与える。

❷傷んだ葉を摘む

下葉が枯れてきたものは病気の原因にもなるのでハサミでカットする。

❸植え替え

1

ルブスの葉の縁が枯れてきたため、新しい別の株と植え替える。

2

棒などを挿し込んで根のまわりの土をほぐしてから、株を掘り上げる。

3

掘り上げたら、植え替えの苗の根鉢が入るくらい土を出す。

4

キンギョソウを植えつけ、すき間に土を入れて棒で突き、たっぷりと水やりをする。

5

寄せ植えの手直しの完成。

COLUMN
株の再利用

掘り上げた株は、別の鉢に植えつける。葉の量に比べて土の量が少ないので、1株につき葉1〜2枚残して切り戻す。丈夫な植物の場合は株が元気に育てば新たな寄せ植えに再利用できる。

器の選び方

寄せ植えのイメージを大きく左右するのが器（鉢）です。
器の特徴を知って、イメージに合うものを選びましょう。

【テラコッタ（素焼き）】
やや重いが、通気性や排水性・吸水性などに優れている。素朴な風合いがどんな植物にも合う。

【プラスチック】
色や形、サイズなどデザインが豊富。軽くて価格も安いが、通気性・排水性はやや悪い。

【グラスファイバー】
繊維状のガラスを樹脂で固めたもの。比較的軽量で、色、デザインが豊富。耐久性が高い。

【ブリキ】
多くの植物と相性がよく、比較的軽い。熱が伝わりやすいので置き場所には注意。底に穴が開いていないものは穴を開ける必要がある。

【陶器】
色が豊富で独特な風合いがある。テラコッタよりも排水性が劣るので、多湿を好む植物に最適。

【バスケット】
自然素材で編み込まれ、中にフイルムがついているものが一般的。ナチュラルな雰囲気づくりに最適。

【ハンギング・リース】
どちらも壁などにかけることができ、使用すると植物で器はほぼ見えなくなる。フイルムつきのものもある。高い位置に飾りたいときに向く。

【ワイヤーカゴ】
ワイヤーでつくられたカゴ。置くことも壁にかけることもできる。シンプルな色なので、寄せ植えを引き立てたいときに。植えるときは麻布などを用意。

3

花とカラーリーフの
寄せ植え

季節ごとに定番の花とカラーリーフを
組み合わせた寄せ植えを紹介します。
色の取り合わせ方など寄せ植えのコツをおぼえましょう。

MARGUERITE

マーガレット＋明るいライム系リーフ

かわいらしいシルエットのマーガレットに、明るい色のリーフとバスケットを合わせて花色を引き立て、春を演出します。

POINT

黄色ベースのマーガレットと同じ色調のワイルドストロベリーを合わせて調和させる。

単調にならないよう、斑入りのキンギョソウで変化をつける。

キンギョソウはこれから茂り出し、秋にマーガレットと同じ色の花を咲かせる。

■ 鉢 ■

25cm　19cm　17cm

やさしい色合いのバスケットでかわいらしさを演出。

■ 配置 ■

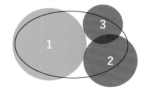

取っ手を境目に、左側に花、右側にリーフを配置する。

■ 使用する苗 ■

❶ マーガレット（はなまるマーガレット）×1
❷ ワイルドストロベリー（ゴールデンアレキサンドリア）×1
❸ キンギョソウ斑入り（フォレスト・マリアージュ）×1

❶　❷

❸

1 正面を決め、マーガレットはこぼれるように、配置をイメージする。

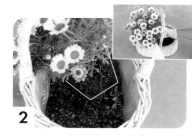

2 マーガレットの株元の枯れた葉などを取り除き、傾けて植える。

3 ワイルドストロベリーも同様に、株元の枯れた葉や土の表面の苔などを落としてから傾けて植える。

4 キンギョソウは株元の枯れた葉を取り除いて風通しをよくし、ワイルドストロベリーの背面に植える。

5 土を入れ、すき間を埋めるように棒で軽く突く。

6 土を入れたら葉や花の向きを整え、たっぷりと水やりをする。

ARRANGE

▽ 開花中から花後まで楽しむ

青みがかった八重のマーガレットに、シルバー・ブルー系のリーフを使用。咲いているマーガレットが終わったあと、次のつぼみが上がるまでカロケファルスとオレガノ、ロータスのカラーリーフで楽しむ。

❶ **マーガレット**（あずきちゃん）◑ / ❷ オレガノ（ミルフィーユ）◑ / ❸ ロータス（ブリムストーン）◑ / ❹ カロケファルス（プラチーナ）○

NEMESIA

ネメシア＋花が映えるライム系リーフ

紫・黄色を含むネメシアに
同系色のリーフを添えて、
小花とリーフだけの
シンプルな寄せ植えに。

POINT

ネメシアの黄色の部分と
同系色のリーフを選び、全
体の統一を図る。

リーフの形をそれぞれ変
えて、飽きのこない組み合
わせに。

ネメシアの紫色の部分が
浮かないように、茎がピン
クのグレコマを合わせる。

■ 鉢 ■

18cm

15.5cm

ネメシアとリーフの明るい
色を邪魔しないひかえめな
色の鉢を選ぶ。

■ 配置 ■

ネメシアを中心にリーフで
囲み、斑入りのリーフが隣
り合わないようにする。

■ 使用する苗 ■

❶ **ネメシア（ブルーベリーカスタード）×1**

❷ **ヘーベ・バリエガータ×1**

❸ **ワイルドストロベリー（トロピカルフレグランス）×1**

❹ **タイム（ゴールデンレモンタイム）×1**

❺ **グレコマ・バリエガータ（レッドステム）×1**

❶　❷　❸　❹　❺

1 正面を決め、垂れ下がるリーフを手前に、立ち上がるリーフは背面に配置をイメージする。

2 ネメシアの株元の枯れた葉などを取り除き、根鉢の底に根が回っていたらほぐして植える。

3 ヘーベも株元をきれいにし、鉢に入るように土を軽く落としてから植える。

4 ワイルドストロベリー、タイム、グレコマも同様にそれぞれ植える。グレコマはやや傾けて鉢からこぼれるようにする。

5 土を入れ、すき間を埋めるように棒で軽く突く。

6 土を入れたら葉や花の向きを整え、たっぷりと水やりをする。

ARRANGE

▼ 同系色のリーフを使う

ネメシアの花色と同じ、青色ベースのシルバーリーフでまとめる。形が違うリーフを数種類使い、見た目に変化をつける。

❶ **ネメシア（ミッドナイトブルー）** ●／❷ **サントリナ（雪のサンゴ礁）** ○／❸ **オレアリア（アフィン）** ○／❹ **丸葉シロタエギク** ○

▲ 濃い色のリーフで花を引き立てる

淡いピンクのネメシアの背後に、ブラウンリーフのコプロスマを配置して花の色を引き立てる。ほかのリーフはネメシアと同系色で合わせる。

❶ **ネメシア（アプリコット）** ◑／❷ **ユーフォルビア（フロステッドフレーム）** ◑／❸ **コプロスマ（コーヒー）** ●／❹ **ヘリクリサム（ライムミニ）** ○

オステオスペルマム＋花色が引き立つリーフ

オステオスペルマムの
淡い花色を
暗い色のアジュガで
引き立て、斑入りのリーフで
調和させます。

■ 使用する苗 ■

❶ **オステオスペルマム**（グランドキャニオン）×2
❷ ラベンダー（メルロー）×1
❸ アジュガ×1
❹ バコパ斑入り×1

❶　❷　❸　❹

■ 配置 ■

オステオスペルマムを中心としてアジュガ、バコパとラベンダーで挟む。

■ 鉢 ■

25cm　　16.5cm

16.5cm

オステオスペルマムの中心とアジュガのリーフの茶色に鉢を合わせる。

POINT

オステオスペルマムは淡いピンク色と黄色のものと、黄色の強く出た品種を合わせて色調をそろえる。

黄色の花を引き立たせる暗い色のアジュガを株分けして散らす。

オステオスペルマムは夏前までに切り戻して秋に花を咲かせる。

■ 手順 ■

1 花の正面を決め、バコパとラベンダーが対極になるよう配置をイメージする。

2 オステオスペルマムは2株とも株元の葉を取り除いて風通しをよくしてから中央に植える。

3 ラベンダーも株元の葉を摘み、風通しをよくしてから背面左へ植える。

4 アジュガを株分けし、鉢の正面左と背面右へ植える。

5 すき間に入るようにバコパの根鉢の土を軽く落として細くし、ラベンダーと対極の位置に植える。

6 土を入れ、すき間を埋めるように棒で軽く突く。葉の向きなど形を整え、たっぷりと水やりをする。

ARRANGE

🔽 花を1株にする

花を1株にして強調したい場合は、存在感の強いリーフを選ぶ。花色の淡いピンク〜黄色と同系色のリーフを使い、葉が大きく補色のレタスを配置。

❶ オステオスペルマム（ベリーズパフェ）◯／**❷** ユーフォルビア（アスコットレインボー）◐／**❸** ロータス（ブリムストーン）◐／**❹** レタス●

🔼 高さを出す

高さの違うオステオスペルマムを配置し、立体的に見せる。この場合も主役となる花の色と同系色のリーフを選び、上・中・下段に配置する。

❶ オステオスペルマム（キララ）◯／**❷** オステオスペルマム（ベリーズパフェ）◯／**❸** 観賞用からし菜（オディールグラス）●／**❹** ヘーベ◐／**❺** リシマキア（ミッドナイトサン）●

RANUNCULUS

ラナンキュラス+同系色のリーフ

早春から春に咲くラナンキュラスに、同系色のクリスマスローズのリーフを合わせます。

POINT

ピンク色のラナンキュラスの花とクリスマスローズのリーフを合わせる。

クリスマスローズの地色がブルー系のシルバーなので、あしらうリーフは同系色のものを選ぶ。

ユーフォルビアのステム（茎）が、ラナンキュラスと同系色なのもポイント。

■ 鉢 ■

21.5cm

20cm

シルバーリーフと同じ、淡いブルー系の鉢を合わせて全体的に色を統一。

■ 配置 ■

成長後にクリスマスローズの花がラナンキュラスの近くで咲くように意識する。

■ 使用する苗 ■

❶ **ラナンキュラス**（綾リッチ）×2
❷ ユーフォルビア（シルバースワン）×1
❸ クリスマスローズ・ステルニー（ピンクダイヤモンド）×1
❹ ウエストリンギア（スモーキーホワイト）×1

❶　❷　❸　❹

1 ラナンキュラスは花の正面を決めて正面中央・背面右に置き、それに合わせてリーフの配置をイメージする。

2 ラナンキュラスは株元の枯れ葉を取り除き、正面中央と背面右に植える。

3 ユーフォルビアは枯れ葉と株元の葉を摘み、根鉢の土を軽く落として背面左へ植える。

4 クリスマスローズは枯れ葉と株元の葉を摘んで正面右へ植える。

5 ウエストリンギアは狭い場所に入るように根鉢の土を落として、内側に流れるように向きを調整して植える。

6 土を入れ、すき間を埋めるように棒で軽く突く。葉の向きなど形を整え、たっぷりと水やりをし、パームファイバーを敷く。

ARRANGE

リーフを変えて明るい印象に ▷

シルバー系のリーフをライム系に変え、シックな落ち着いたイメージから、明るく鮮やかな色にした寄せ植えにする。ライムグリーンのリーフを入れると全体的に明るくなり、春らしい色合いになる。

❶ **ラナンキュラス** (綾リッチ) ●／❷ **クリスマスローズ** (フェチダスゴールドブリヨンミックス) ○／❸ **ワイルドストロベリー** (ゴールデンアレキサンドリア) ●／❹ **白竜** ○

TORENIA

トレニア＋涼し気な色のリーフ

しだれるタイプの
トレニアはハンギングに向きます。
しだれるリーフを組み合わせれば
お互いを引き立て合います。

POINT

1株でもボリュームのある
トレニアに存在感のある
リーフを合わせ、飽きのこ
ない寄せ植えにする。

青色ベースのトレニアの花
と同系色のヘミグラフィス
のリーフを組み合わせて
色の調和を図る。

斑が入ったアルテルナンテ
ラを入れて、寄せ植えに明
るさをプラス。

■ 鉢 ■

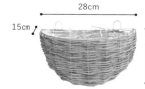

28cm

15cm

21.5cm

ナチュラルなハンギングバ
スケットで、トレニアのしだ
れる性質を生かす。

■ 配置 ■

トレニアとヘミグラフィスを
正面左右に、背面中央にア
ルテルナンテラを配置。

■ 使用する苗 ■

❶ スーパートレニア（ブルーリバー）×1
❷ ヘミグラフィス（アルテルナータ）×1
❸ アルテルナンテラ（エンジェルレース）×1

❶　　❷　　❸

1 花とリーフの正面を決め、トレニアとヘミグラフィスの葉の流れが内側にくるように配置をイメージ。

2 株元の枯れた葉を落とし、根鉢の下に根が回っていたらほぐす。ヘミグラフィスを正面左、アルテルナンテラを背面中央の順に植える。

3 トレニアは花がらを摘み、株元の枯れた葉を取り除いておく。

4 トレニアを正面右に、こぼれるようにやや傾けて植える。

5 土を入れ、すき間を埋めるように棒で軽く突く。

6 葉の向きなど形を整え、水を吸わせた水苔を縁に敷き、たっぷりと水やりをする。

ARRANGE

▽ 別のリーフに入れ替える

背面を明るくするアルテルナンテラを明るさを抑えたヘリオプシスに入れ替えたアレンジ。主役のトレニア、ヘミグラフィスと全体の色調を合わせ、バランスを取る。

❶ スーパートレニア（ブルーリバー）●／❷ ヘミグラフィス（アルテルナータ）◐／❸ ヘリオプシス（サンバースト）◑

VINCA

ニチニチソウ＋斑入りのリーフ

ニチニチソウは
初夏から秋まで花が咲いて
花色も豊富。
小さな葉を持つリーフで
にぎやかに。

■ 使用する苗 ■

❶ ニチニチソウ×1
❷ ソラナム斑入り（スノーサンゴ）×1
❸ セロシア（スマートルック）×1
❹ ウエストリンギア×1

❶　❷　❸　❹

■ 配置 ■

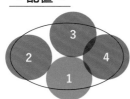

ニチニチソウを正面中央、
背の高いセロシアを背面
にしてほかを左右に配置。

■ 鉢 ■

16.5cm　　25cm

16.5cm

ニチニチソウの花色が強い
ので、ナチュラルカラーの鉢
を選ぶ。

POINT

ニチニチソウの明るい花色に合わせ、斑入り
や明るいリーフを選ぶ。

ソラナムの葉と実、ウエストリンギアの葉で見
た目の変化をつける。

ニチニチソウの中心部と同系色のセロシアを
合わせ、濃い葉色を補色としても利用する。

■ 手順 ■

1 花の正面を決め、ニチニチソウを中心に縦横に広がるようなイメージに。

2 ニチニチソウの枯れ葉と株元の葉を取り除いて風通しをよくしてから正面中央に植える。

3 ソラナムの枯れ葉と株元の葉を摘み、左へ植える。

4 セロシアとウエストリンギアも枯れ葉と株元の葉を摘んで、背面中央と右へ植える。

5 土を入れ、すき間を埋めるように棒で軽く突く。

6 葉の向きなど形を整え、たっぷりと水やりをし、パームファイバーを敷く。

ARRANGE

▼ 花色を変更する

ニチニチソウの花色に合わせて、セロシアの花色、アルテルナンテラの斑のピンクを使用。セロシアの濃い葉色は補色の役割がある。ウエストリンギアより細い葉のロータスで軽やかさをプラス。

1 ニチニチソウ●／**2** セロシア（ケロスファイア）●／**3** アルテルナンテラ（バリホワイト）◐／**4** ロータス（コットンキャンディ）○

ペチュニア＋複色のリーフ

明るい色味の
ペチュニアに
ライトグリーンの
リーフを合わせて
初夏の爽やかさを演出。

▪ 使用する苗 ▪

❶ **ペチュニア（ミルクティー バリエガータ）**×2
❷ オレガノ（ユノ）×1
❸ ユーフォルビア（ダイアモンドフロスト）×1
❹ グレコマ・バリエガータ（レッドステム）×1

❶　　❷　　❸　　❹

▪ 配置 ▪

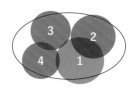

ペチュニアの色を考
え、対角線上に白花の
ユーフォルビアを配置。

▪ 鉢 ▪

19cm　　23cm

13cm

植える植物のトーンが明る
いため、落ち着いた色味の
グレーのバスケットを選ぶ。

POINT

ペチュニアの中心部分の濃い紫色とオレガノの
萼（がく）の色を合わせる。

ペチュニアの葉の斑に合う葉・花を土台にして
主役の花を目立たせる。

オレガノ、グレコマは鉢に合うように土を軽くほ
ぐす。

■ 手順 ■

1 配置をイメージし、ペチュニアから植える。植える前に株元の傷んだ葉を取り除く。

2 ペチュニアはバスケットからこぼれるように傾けて植え、花の正面を目立たせる。

3 オレガノの株元の葉を取り、土を軽く落としてから背面右へ植える。

4 ユーフォルビア、グレコマの順に、同様に土を軽く落として植える。グレコマは茎を束ねて、内向きに流れるように垂らす。

5 土を入れ、すき間を埋めるように棒で突く。葉や花の向きを整える。

6 取っ手の両側から水がこぼれるので、水苔を敷いて、水やりをする。

ARRANGE

白花をより引き立てる ▶

オレガノを銅葉のアルテルナンテラに、ユーフォルビアも赤みのある葉に変更して、白花のペチュニアを引き立たせる。

① ペチュニア○ / ② ユーフォルビア（ブレスレスフラッシュ）◑ / ③ アルテルナンテラ（ポリゴノイデス）◐ / ④ グレコマ・バリエガータ（レッドステム）◑

◀ 八重の花を生かす

八重のペチュニアに、葉が八重の初雪草を対にして一体感を出す。ハゴロモジャスミンで動きを出し、ライムグリーンのリシマキアで調和させる。

① ペチュニア（パニエ レモン）○ / ② 初雪草◑ / ③ ハゴロモジャスミン（ミルキーウェイ）◑ / ④ リシマキア・オーレア●

PENTAS

ペンタス＋涼し気なリーフ

爽やかな花色のペンタスに
イエロー系のリーフを合わせれば、
より花が引き立ちます。

POINT

紫・白色のペンタスを引き
立てる補色となるイエロー
系に近いリーフを使用。

たくさんの苗を植えるた
め、株元から2〜3cm くら
いまで葉を摘み取り、根鉢
の土を落として細くする。

アメリカヅタとジャスミン
は、枝の流れが内側にな
るように意識する。

■ 鉢 ■

14.5cm   34cm   20cm

寄せ植えの色合いが明る
いのでシックで暗めな色の
鉢を合わせる。

■ 配置 ■

主役のペンタスを中央に、
背面と両サイドにリーフを
植える。

■ 使用する苗 ■

❶ ペンタス×1

❷ ペンタス×1

❸ サルビア・ファリナセア・サリーファン×1

❹ アメリカヅタ斑入り×1

❺ ジャスミン（フィオナサンライズ）×1

❻ 斑入りタリナム・カリシナム×1

■ **手順** ■

1 花とリーフの正面を決める。つるの流れを意識して配置をイメージ。

2 ペンタスとサルビアは株元の葉を2〜3cmくらい取り除いて風通しをよくしてから植える。

3 アメリカヅタは根を切らずに土を軽く落とし、枝の流れが内側になるように意識して植える。

4 タリナムも土を軽く落として入れやすいようにし、土を足してやや傾けるように左へ植える。

5 ジャスミンは傷んだ葉を摘み、もむように土を落として株分けする。枝が寄せ植えの内側に入るように調整して背面の左右へ植える。

6 土を入れ、すき間を埋めるように棒で軽く突く。葉の向きなど形を整え、たっぷりと水やりし、パームファイバーを敷く。

✿ ARRANGE

⊙ ピンクの花に紫系リーフを合わせる

ピンク色のペンタスに合う小花と紫系のリーフを合わせる。上段にセロシア、中段にコウシュンカズラ、下段にリシマキアで空間の空きをつくらない。

❶ ペンタス◯／❷ アルテルナンテラ・ポリゴノイデス●／❸ セロシア（ヴィンテージ）◐／❹ ペラルゴニウム（ラベンダーラス）◯／❺ コウシュンカズラ◯／❻ リシマキア（シューティングスター）●

⊙ 立体的に仕立てる

ペンタスより高さのあるリーフを入れ、立体的に仕立てる。鉢の縁からこぼれるようにロータス、ヒメツルニチニチソウを入れ、流れをつくる。

❶ ペンタス●／❷ トウテイラン◯／❸ セロシア（ヴィンテージ）◐／❹ アルテルナンテラ（パープルプリンス）●／❺ ロータス・クレティクス◯／❻ ヒメツルニチニチソウ●

CELOSIA

セロシア＋秋色のリーフ

「ケイトウ」としても知られるセロシア。
存在感のある花には
同系色のリーフを組み合わせ、
秋を演出します。

▪ 使用する苗 ▪

❶ セロシア（ホットトピック）×2
❷ 観賞用トウガラシ（パープルレイン）×1
❸ ペニセタム（月見うさぎ）×1
❹ アルテルナンテラ（パープルプリンス）×1

❶　❷　❸　❹

▪ 配置 ▪

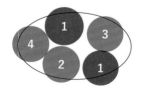

セロシアを背面、正面
に配置し、背面と中〜
下段にリーフを添える。

▪ 鉢 ▪

25cm
16.5cm
16.5cm

花・リーフと同系色の落ち着
いた色の鉢を選びシックにま
とめる。

POINT

セロシアのピンク色の花と銅葉に、同系色の
リーフを合わせる。

●

セロシアは上段に配置し、中〜下段に花を引き
立たせる色のリーフを添える。

●

特徴的なセロシアの花と、いろいろな形のリーフ、
ペニセタムのまっすぐ伸びる穂で変化をつ
ける。

1 花の正面を決め、色のバランスを見ながら配置をイメージする。

2 セロシアの枯れ葉と株元の葉を取り除き、根鉢の下部に根が回っていたらほぐす。背面左と正面右に植える。

3 トウガラシは枯れ葉と株元の葉を摘み、正面中央へ植える。

4 ペニセタムは枯れ葉と株元の葉を摘み、根鉢の下部に根が回っていたらほぐして背面右へ植える。

5 アルテルナンテラは枯れ葉と株元の葉を摘み、正面左へ植える。

6 土を入れてすき間を埋めるように棒で軽く突く。葉の向きなど形を整え、たっぷりと水やりをする。

ARRANGE

花をもっと強調させる ▶

存在感のある花色・大きさのセロシアを主役にするなら、斑入りのリーフ、ブルー系のリーフを合わせて色調を統一させる。

❶ セロシア（ドラキュラ）●／❷ トウテイラン○／❸ チャスマンティウム（リバーミスト）◑／❹ 洋種コバンノキ（朱里）◐／❺ アルテルナンテラ（千紅花火）◔／❻ 黒竜●

◀ 花色を変更する

オレンジ色の花に変更する場合、アルテルナンテラを紫のトウガラシに変更して補色の効果を強くし、花を強調させる。ほかのリーフは流用できる。

❶ セロシア（ホットトピック）◔／❷ 観賞用トウガラシ（パープルレイン）◑／❸ ペニセタム（月見うさぎ）◔／❹ 観賞用トウガラシ（パープルフラッシュ）◐

CAPSICUM

観賞用トウガラシ＋対比する色のリーフ

リーフとしても花材としても
使える観賞用トウガラシで、
黒〜紫〜赤のグラデーションを表現。

POINT

紫系のトウガラシに類似色のリーフを合わせる。

ほぼ黒色のトウガラシには明るいリーフを入れて引き立たせる。

トウガラシ、アルテルナンテラのリーフの形・大きさが同じなので、メラレウカの細く小さなリーフで変化をつける。

■鉢■

21.5cm

21cm

花とリーフの色数が多いので、ナチュラルな色で植物を引き立てる。

■配置■

対角線上にトウガラシを配置し、全体の色がまとまるようにリーフを合わせる。

■使用する苗■

❶ 観賞用トウガラシ（ブラックパール）×1
❷ 観賞用トウガラシ（ヒットパレード）×1
❸ メラレウカ（レボリューションゴールド）×1
❹ アルテルナンテラ（コタキナバル）×1

❶　❷　❸　❹

1

正面を決め、色のバランスを見ながら配置をイメージ。

2

トウガラシ（ブラックパール）は枯れ葉と株元の葉を取り除き、根鉢の下部の根が回っていたらほぐして背面左に植える。

3

トウガラシ（ヒットパレード）も枯れ葉と株元の葉を摘み、根鉢の下部の根が回っていたらほぐして正面右に植える。

4

メラレウカも枯れ葉と株元の葉を摘んで背面右へ植える。

5

アルテルナンテラは枯れ葉と株元の葉を摘み、植えやすいように根鉢の土を軽く落とし、細くしてから正面右へ植える。

6

土を入れ、すき間を埋めるように棒で軽く突く。葉の向きなど形を整え、たっぷりと水やりをする。

ARRANGE

リーフで印象を変える ▶

イエロー系のメラレウカをブルー系のレースラベンダーに変更。明るいイメージの寄せ植えから、落ち着いた雰囲気の寄せ植えとなる。変更する場合、トウガラシ、アルテルナンテラと違う形の葉を選ぶと、見た目にも変化がつく。

❶観賞用トウガラシ（ブラックパール）●／❷観賞用トウガラシ（ヒットパレード）◑／❸アルテルナンテラ（コタキナバル）◑／❹レースラベンダー○

CHRYSANTHEMUM

ポットマム＋明るいリーフ

鉢（ポット）植えに最適な洋菊（マム）。
黄×緑の花色に
ライトグリーンのリーフを合わせて。

POINT

ポットマムの花色に合わせ、ライトグリーンのリーフで統一する。

●

葉が線のように細長いウンシニアを入れてアクセントにする。

●

ポットマムの花が終わったあとでもリシマキアやコロキアで明るさを保てる。

▪ 鉢 ▪

23cm

25cm

グリーンのポットマムを引き立てるために控えめなグリーンの鉢で調和させる。

▪ 配置 ▪

ポットマムの位置を決めて、単調にならないようリーフを左右に配置。

▪ 使用する苗 ▪

❶ ポットマム×1
❷ ポットマム（ノバライム）×1
❸ リシマキア（リッシー）×1
❹ コロキア・バリエガータ×1
❺ ウンシニア（ファイヤーダンス）×1

 ❶
 ❷
 ❸
 ❹
 ❺

1 花の正面を決め、リーフの高さと色を見ながら配置をイメージする。

2 ポットマムは枯れ葉と株元の葉を取り除いて風通しをよくしてから、それぞれ正面中央と背面に植える。

3 植える場所が狭いため、リシマキアは根鉢の土を落としてから正面左へ植える。

4 コロキアは株分けして2株を背面左右へ植える。余った株はポットに植え直して別の寄せ植えに使用する。

5 ウンシニアは枯れ葉を取り除き、正面右へ植える。

6 土を入れ、すき間を埋めるように棒で軽く突く。葉の向きなど形を整え、たっぷりと水やりをする。

ARRANGE

▽ 草花の色でグラデーションに

緑色のポットマムをメインに、同系色のトレニアのリーフ、類似色のコウシュンカズラの花でグラデーションをつくる。トレニアは枝の流れが中央に向くように意識する。

❶ ポットマム（ノバライム）○／**❷ コウシュンカズラ**○／
❸ トレニア（コンカラー）◑

◉ 補色を入れて引き締める

緑のポットマムを黄緑〜黄の補色であるキキョウに変更して色味を引き締める。背面のコムラサキの実がキキョウと同じ紫色に熟すと、さらに色が調和される。

❶ ポットマム○／**❷ キキョウ（ポップスター）**●
／**❸ リシマキア（リッシー）**◑／**❹ コムラサキ**◔
／**❺ ウンシニア（ファイヤーダンス）**●

RUDBECKIA

ルドベキア＋シックなリーフ

シックな色のルドベキアと
同系統の色のリーフを合わせ、
秋を感じさせる寄せ植えに。

▪ 鉢 ▪

20cm

23cm

ルドベキアは高さがあるので、高さのある鉢を使ってバランスを取る。

▪ 配置 ▪

ルドベキアを正面中央と背面右に配置。背面左に高さのあるリーフを入れる。

▪ 使用する苗 ▪

❶ **ルドベキア**（サハラ）×2
❷ ペニセタム（トリコロール）×1
❸ クリソセファラム×1
❹ アルテルナンテラ（マーブルクイーン）×1

❶

❷

❸

❹

1 花の正面を決め、中央にルドベキアを配置し、リーフの位置をイメージする。

2 ルドベキアは蒸れ防止のために、株元の傷んだ葉や枯れ葉を取り除き、正面中央へ植える。

3 もうひと株のルドベキアも同様に処理してから背面右へ植える。ペニセタムは折れた葉などを摘み、背面左へ植える。

4 クリソセファラムは枯れ葉と株元の葉を摘み、土を軽く落として植えやすくしてから左へ植える。

5 アルテルナンテラは狭い場所でも植えられるように土を軽く落として根鉢を細くし、正面右へ植える。

6 土を入れ、すき間を埋めるように棒で軽く突く。葉の向きなど形を整え、たっぷりと水やりをする。

ARRANGE

▽ イエロー系でより明るく

シルバー系のクリソセファラムを、ライムイエローの斑入りミズヒキへ変更。より明るい色に変更することで寄せ植え全体のポイントとなる。

❶ルドベキア（サハラ）◗／❷ペニセタム（トリコロール）◗／❸ミズヒキ斑入り◯／❹アルテルナンテラ（マーブルクイーン）●

◉ 反対色のリーフで引き立てる

小ぶりで鮮やかな黄色のルドベキアをメインに、反対色の紫系のリーフを合わせて花を引き立てる。黄花のコウシュンカズラを合わせれば、花形や枝ぶりなどに変化がつけられる。

❶ルドベキア（タカオ）◗／❷ペニセタム（トリコロール）◗／❸観賞用トウガラシ（ブラックパール）●／❹観賞用トウガラシ（カリコ）◗／❺宿根アスター●／❻アルテルナンテラ（レッドフラッシュ）◗／❼コウシュンカズラ◯

ガーデンシクラメン＋早春を彩るリーフ

カーデンシクラメンは、
すらっと伸びた花茎と花がよく目立ちますが、
リーフも特徴的でカラーリーフとしても使えます。

POINT

青色ベースの花色に合わせ、リーフ類をまとめる。

高級感のある鉢を選べばホリデーシーズンにぴったりなウエルカムフラワーに。

シルバーリーフのロータスと白のシクラメンの斑入り葉で華やかさをプラス。

■ 鉢 ■

23.5cm

34.5cm

ガーデンシクラメンは高さがあるので、鉢も高さのある脚つきのものを使用。

■ 配置 ■

三角形を基本にガーデンシクラメンを配置し、すき間にリーフ類をあしらう。

■ 使用する苗 ■

❶ ガーデンシクラメン×1
❷ ガーデンシクラメン（ブランデコラ）×1
❸ ガーデンシクラメン（ゴブレット・ワインレッド）×1
❹ キンギョソウ（ブロンズドラゴン）×1
❺ ロータス・クレティクス×1

❶　❷　❸　❹　❺

1

花の正面を決め、ガーデンシクラメンを三角形に配置。すき間にリーフを入れるイメージに。

2

ガーデンシクラメンはそれぞれの株元の傷んだ葉を摘み、根鉢の土を軽く落とし、三角形になるように植える。

3

キンギョソウは株元の枯れ葉を摘み、背面中央のすき間に植える。

4

ロータスは株分けして、正面の左右へ植える。

5

土を入れ、すき間を埋めるように棒で軽く突く。

6

葉の向きなど形を整え、たっぷりと水やりをする。

ARRANGE

▼ ライムイエローのリーフで明るく

ガーデンシクラメンの花と斑入りの葉の白に合う、エレモフィラとバーベナの白花を組み合わせる。バーベナとラベンダーのライムイエローで明るくし、クローバーとビオラをアクセントにする。

❶ **ガーデンシクラメン（ブランデコラ）**○／❷ ビオラ（神戸べっぴんさん・おしゃまなケリー）●／❸ バーベナ・テネラ・オーレア○／❹ラベンダー（メルロー）◑／❺ エレモフィラ（スノークリスタル）○／❻ クローバー（天使のピアス・オニキス）●

◉ 明暗で花を引き立てる

白を基調としたガーデンシクラメンの花と葉を引き立てるために、やや暗めで濃い色のリーフ類を背景にプラス。ガーデンシクラメンの花が終わっても残ったリーフが明るさを維持する。

❶ **ガーデンシクラメン（アフロディーテ）**○／❷ パンジー（シェルブリエ）◑／❸ クローバー（エンジェルクローバー・ガーネットリング）●／❹ ロフォミルタス（マジックドラゴン）◑／❺ 観賞用からし菜●／❻ カルーナ・ブルガリス◑

ビオラ＋流れをつくるリーフ

ビオラには花びら、
花芯、中心部の模様と
複数の色が集まっているので、
これらの色に合うリーフを選べば失敗しません。

■ 使用する苗 ■

❶ ビオラ×2
❷ ラベンダー（メルロー）×1
❸ 黒竜×1

❶

❷

❸

■ 配置 ■

ビオラ2株とラベンダー
で三角形をつくり、黒竜
をアシンメトリーに配置。

■ 鉢 ■

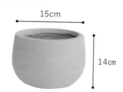

15cm

14cm

紫系統のビオラに合わ
せ、同じ色調のブルー・
グレーの鉢にする。

POINT

濃い紫と淡い紫の2色のビオラを軸に、それぞれ
の花に含まれる色に共通する色のリーフを組み
合わせる。

ビオラの花芯に含まれる黄色とラベンダーのリー
フの斑の色を合わせる。

濃い紫のビオラの中心部と、淡いビオラの模様に、
黒竜を合わせて全体の色調を引き締める。

■ 手順 ■

1 花の正面を決め、ビオラとラベンダーを三角形に、黒竜を散らすイメージ。

2 ビオラはそれぞれ株元の枯れ葉を摘み、根鉢の底に根が回っていたら根をほぐす。

3 正面中央に濃い紫色のビオラを、背面右に薄い紫色のビオラを植える。

4 ラベンダーは枯れ葉と株元の葉を摘み、すき間に入るように根鉢の土を軽く落として手で細くしてから背面中央へ植える。

5 黒竜は3つに株分けをし、正面右に1株、背面左に2株をまとめて植える。アシンメトリーになるようにバランスを崩してナチュラル感を出す。

6 土を入れ、すき間を埋めるように棒で軽く突く。葉の向きなど形を整え、たっぷりと水やりをする。

ARRANGE

縦のラインを強調 ▶

やわらかな色のラベンダーをライムイエローの縦に伸びるカルーナへと変更。リーフの色はビオラの花芯と同系色を選ぶ。ふわっとした茂る寄せ植えに縦のラインが入るだけですっきりとした印象になる。

❶ ビオラ●／❷ ビオラ○／❸ カルーナ・ブルガリス◗／❹ 黒竜●

◉ 形の違うリーフを効果的に使う

濃い赤色と黄色のビオラの寄せ植え。コプロスマは同系色、ヘリクリサムはビオラの色を強調するために背面に入れる。そこへリーフの形が違うカレックスを株分けして入れ、変化をつけてナチュラルに。

❶ ビオラ●／❷ ビオラ◗／❸ コプロスマ（コーヒー）●／❹ ヘリクリサム・ペティオラレ○／❺ カレックス（アウバウム）◗

プリムラ・ジュリアン＋ユニークなリーフ

プリムラ・ジュリアン（ポリアンサ）は
花が色が鮮やかなので、
ブラック・シルバーリーフと
対比させます。

POINT

青色ベースの花には同じく青色ベースのヘリクリサムを選ぶ。

ピンク色のジュリアンとピンクの花が咲くリーフのエリカを合わせる。

ヘリクリサムが不規則に横に広がり、エリカは上へ伸びるので、単調になりがちなシンメトリーの寄せ植えに面白みが出る。

■ 鉢 ■

16cm　16cm　15cm

白をベースに、かすれた部分の色をリーフのエリカと合わせる。

■ 配置 ■

シンメトリーになるよう、花とリーフをそれぞれ左右対称に植える。

■ 使用する苗 ■

❶ プリムラ・ジュリアン×2
❷ エリカ・ダーレンシス×1
❸ ヘリクリサム（シルバースター）×1

❶

❷

❸

1 鉢の角を正面にする。花の正面を決め、四隅の左右にジュリアンがくるように配置をイメージする。

2 ジュリアンの傷んだ葉や株元の枯れた葉は摘み取り、左右対称に植える。

3 エリカは根鉢についた苔や株元の枯れ葉を落とし、根鉢の下部に根が回っていたらほぐして、背面へ植える。

4 ヘリクリサムは根鉢の苔や株元の枯れ葉を摘んで枝が広がるように正面へ植える。

5 土を入れ、すき間を埋めるように棒で軽く突く。

6 葉の向きなど形を整え、たっぷりと水やりをする。

ARRANGE

▽ 類似色で花をそろえる

ジュリアンは類似色のもので色味を合わせ、小さく質感の違うリーフのキンギョソウで変化をつける。本来植えた面が上を向くようにする鉢を斜めに使い、花をより目立たせる。

❶プリムラ・ジュリアン（ビクトリアーナ）◖／❷プリムラ・ジュリアン（ビクトリアーナ）◖／❸プリムラ・ジュリアン（ビクトリアーナ）◖／❹キンギョソウ（アールグレイ）○

△ 補色で引き立てる

ほぼ同じ大きさで補色の関係にある黄色と紫色のジュリアンに変更すると、お互いを引き立てる関係になる。合わせるリーフはハート形のオキザリスにして、花より主張しない色を選ぶ。

❶プリムラ・ジュリアン（群青の空）◖／❷プリムラ・ジュリアン○／❸オキザリス（黄昏）●

プリムラ・マラコイデス＋花を引き立てるリーフ

プリムラ・マラコイデスは、
花茎の先端に小花を散らす春らしい花。
合わせるリーフは
形や質感の違うものを選びます。

■ POINT ■

淡い色のマラコイデスの花とシルバーリーフで全体を統一。ブラック系のリーフでメリハリをつける。

リーフ類は形や大きさ、質感の違うものを組み合わせて変化を楽しむ。

成長後の高さを意識してクリスマスローズを正面に配置する。

■ 鉢 ■

18cm

15.5cm

プリムラ、クリスマスローズの色に合わせてエレガントな鉢を選ぶ。

■ 配置 ■

クリスマスローズは高くなるので正面右へ、ヘリクリサムで下・中段をカバー。

■ 使用する苗 ■

❶ **プリムラ・マラコイデス**（マーブルスター）×1
❷ **キンギョソウ**（ミニチェリーコーラ）×1
❸ **クリスマスローズ**×1
❹ **ヘリクリサム・ペティオラレ**（シルバー）×1

1
花の正面を決め、高低差を意識して配置をイメージする。

2
マラコイデスは傷んだ葉・枯れ葉を摘み取り、背面左に植える。

3
キンギョソウは枯れ葉と株元の葉を摘み、根鉢の下部に根が回っていたらほぐして背面右へ植える。

4
クリスマスローズは枯れ葉と株元の葉を摘み、鉢に入るように軽く土を落として正面右へ植える。

5
ヘリクリサムは4つに株分けをして枝の流れを見ながら正面右へ1株、正面左に3株まとめて植える。

6
土を入れ、すき間を埋めるように棒で軽く突く。葉の向きなど形を整え、たっぷりと水やりをし、パームファイバーを敷く。

ARRANGE

▽ 春めいた色合い

ブルーに近い紫の花色からピンクに変更したアレンジ。花色に合わせ、シルバー系のロータスと、白い斑の入ったシルバー系のヘデラに変える。キンギョソウは、淡いピンクの花と同じ色の斑が入ったものを加えると全体的に統一感のある寄せ植えになる。

❶ プリムラ・マラコイデス（ファンシーペタル）◐／❷ キンギョソウ（ダンシングクイーン）◑／❸ ロータス（プリムストーン）◐／❹ ヘデラ（シルバーチャーミー）◐

花が印象的な寄せ植え

存在感のある花には、花を引き立てるカラーリーフを組み合わせるか、花と同じくらい目立つカラーリーフを選びます。

ヒマワリの寄せ植え

花がよく目立ち高さのあるヒマワリは、爽やかな色のリーフと白花で足元を飾る。背面にコルジリネを配置してバランスを取る。

❶ ヒマワリ ◯ ／ ❷ ハゴロモジャスミン（ミルキーウェイ）◑ ／ ❸ コルジリネ（エレクトリック・フラッシュ）◐ ／ ❹ ニチニチソウ（フェアリースター クリアホワイト）◯

ダリアの寄せ植え

真紅の深い色の花をつけるダリア。葉も深い銅葉で、花と葉両方に負けないくらい強い色のリーフを合わせる。

❶ ダリア ● ／ ❷ 銅葉イネ（オリザde ショコラ）● ／ ❸ コリウス ● ／ ❹ コリウス（グレートフォール アラマレ）◐

オステオスペルマムの寄せ植え

特徴的なオステオスペルマムの花には、独特な形のアルテミシアと、それに対比するような丸葉のリシマキアを組み合わせる。

❶ オステオスペルマム（ジャズ）◑ ／ ❷ アルテミシア・ブルガリス ◐ ／ ❸ リシマキア・オーレア ◯

ラナンキュラスの寄せ植え

大輪で鮮やかな花色のラナンキュラス。花色と花形を生かすために、同系色のリーフと赤いつぼみのスキミアで変化をつける。

❶ ラナンキュラス（綾リッチ）● ◯ ◯ ／ ❷ スキミア（ペローサ）● ／ ❸ メラレウカ（レッドジェム）◐ ／ ❹ キンギョソウ（ブラン・ルージュ・ムーン）◐

PART

4

カラーリーフの
寄せ植え

カラーリーフだけを使った寄せ植えを紹介します。
花を使う寄せ植えよりも難易度は上がりますが、
基本的に葉の色・形・大きさで変化をつけていきます。

シロタエギク＋形の違うリーフ

シルバーリーフのシロタエギクは
葉形の違うシルバーリーフを組み合わせて、
白色を基調とした寄せ植えに。
質感の違いも楽しめます。

POINT

全体にシルバーリーフで
まとめ、黒色のビオラと濃
い色のアステリアを入れ
てアクセントにする。

ふわふわとしたシルバー
リーフの質感を楽しめ、ア
ステリアのシャープな葉
の対比で変化をつける。

シルバーリーフの白っぽ
い色は毛なので作業中に
できるだけ触らないように
する。

■ 鉢 ■

17cm　25cm　18cm

寄せ植えの色がシンプル
なので、鉢も色を統一し、
柄を入れてエレガントに。

■ 配置 ■

上下のラインをつくるリー
フと茂るリーフをバランス
よく配置。

■ 使用する苗 ■

❶ シロタエギク×1

❷ オレアリア（リトルスモーキー）×1

❸ セネシオ（エンジェルウィングス）×1

❹ バロータ×1

❺ ビオラ（ブラックデライト）×1

❻ アステリア（ウェストランド）×1

❶ ❷ ❸ ❹ ❺ ❻

1 正面を決め、配置をイメージ。高さのあるオレアリアから背面に植える。株元の傷んだ葉を取り除く。

2 セネシオ、バロータも傷んだ葉を摘み取り、背面の左右に植える。

3 シロタエギクは株元の枯れ葉を落とし、根鉢の土を軽く落としつつ根をほぐして正面右へ植える。

4 ビオラは株元の枯れ葉を摘んで正面中央へ植える。

5 アステリアは根鉢の土を軽く落とし、正面左へ植える。

6 土を入れ、すき間を埋めるように棒で軽く突く。葉の向きなど形を整え、たっぷりと水やりをする。

ARRANGE

▽ 淡いピンク色で華やかに

アステリアの代わりにピンク色の花のカルーナを入れた寄せ植え。上品な白色でまとめた寄せ植えに華やかさを添える。白色に近いピンク色が入ることで一体感が生まれ、全体のバランスを損なわない。

❶シロタエギク○／❷オレアリア（リトルスモーキー）○／❸セネシオ（エンジェルウィングス）○／❹バロータ○／❺ビオラ（ブラックデライト）●／❻カルーナ・ブルガリス○

△ 濃いリーフを加えて引き立てる

背面右のバロータをコプロスマと入れ替えると、濃い色のラインができ、白さと黒さの割合が半々となってどちらの色も引き立つ。コプロスマは斑入りなので、正面左のアステリアと反対の位置に入れる。

❶シロタエギク○／❷オレアリア（リトルスモーキー）○／❸セネシオ（エンジェルウィングス）○／❹コプロスマ（パシフィックサンライズ）●／❺ビオラ（ブラックデライト）●／❻アステリア（ウェストランド）●

ベゴニア+同じ環境で育つリーフ

多肉質の茎が地下にはうベゴニアは
メタリックなリーフが特徴的。
カラジュームと組み合わせ、観葉植物風に。

POINT

金属のようなレックスベゴニアをメインに、カラジュームなどのリーフを合わせ、観葉植物的な寄せ植えに。

● 黒色のレックスベゴニアの葉裏とピレアの茎の色を合わせる。

● ベゴニア類は熱帯〜亜熱帯に自生するので、乾燥しないように注意する。

■ 鉢 ■

細かいピレアのリーフとステムが目立つようにシンプルな色を選ぶ。

■ 配置 ■

ベゴニアを中心に高さのある寄せ植えになるよう配置。

■ 使用する苗 ■

❶ レックスベゴニア×1
❷ カラジューム×1
❸ レックスベゴニア（ダークマンボ）×1
❹ ピレア・グラウカ（グレイシー）×1

❶

❷

❸

❹

1 正面を決め、高さのあるものから順に背面から配置をイメージする。

2 ベゴニアは株元の傷んだ葉を摘み取り、背面左に植える。

3 カラジュームは根鉢についた苔や株元の枯れ葉を落とし、背面右へ植える。

4 ベゴニア（ダークマンボ）は株元の枯れ葉を摘んで正面右へ植える。

5 ピレアは株元をきれいにし、茎葉が鉢からこぼれるように土を足して傾け、正面左へ植える。

6 土を入れ、すき間を埋めるように棒で軽く突く。葉の向きなど形を整え、たっぷりと水やりをする。

ARRANGE

▼ レックスベゴニアだけで組み合わせる

レックスベゴニアにはたくさんの園芸品種があるので、葉色の違うものを組み合わせた寄せ植えもできる。シルバーの大きなリーフのハタコアシルバーに、斑の色が同じワイルドファイヤーを組み合わせ、ワイルドファイヤーの葉裏と同系色のピンクスパイダーを合わせて統一感を出す。

❶ レックスベゴニア（ハタコアシルバー）◯／**❷** レックスベゴニア（ピンクスパイダー）◗／**❸** レックスベゴニア（ぐるぐるうずまきシリーズ・ワイルドファイヤー）◗

HELICHRYSUM

ヘリクリサム＋落ち着いた色のリーフ

シルバーリーフが美しい
園芸品種のヘリクリサムは、
どんな寄せ植えにも使えます。

POINT

ヘリクリサムのシルバーリーフと同系色のリーフでまとめた寄せ植え。

合わせるリーフはヘリクリサムとは違う形・大きさのもので構成し、形で変化をつけていく。

セイヨウニンジンボクの紫色がかったリーフとアルテルナンテラを合わせる。

■ 鉢 ■

15cm

17cm

セイヨウニンジンボクの葉裏と色を合わせた鉢を選ぶ。

■ 配置 ■

高さのある寄せ植えになるよう配置し、ロータスとコプロスマで流れをつくる。

■ 使用する苗 ■

❶ **ヘリクリサム**（ホワイトフェリー）×1
❷ セイヨウニンジンボク・プルプレア×1
❸ アルテルナンテラ（パープルプリンス）×1
❹ ロータス（コットンキャンディ）×1
❺ コプロスマ・キルキー×1

❶ ❷ ❸ ❹ ❺

■ 手順 ■

1 正面を決め、高さのあるものから順に背面から配置をイメージする。

2 ヘリクリサムとセイヨウニンジンボクは株元をきれいにし、根鉢を細くして正面・背面中央に植える。

3 アルテルナンテラは株分けして、2株をまとめて正面左、1株を背面右へ植える。

4 ロータスは余分な根鉢の土を落として背面左へ植える。

5 コプロスマは2株に分け、枝が内側に流れるように調整して正面中央に植える。

6 土を入れ、すき間を埋めるように棒で軽く突く。葉の向きなど形を整え、たっぷりと水やりをする。

ARRANGE

色つきのリーフに ▶

別のアルテルナンテラとイレシネに替えて落ち着いた寄せ植えから、華やかな寄せ植えへと変更する。色味を強くするとシルバーリーフのヘリクリサムがより引き立つ。アルテルナンテラの白色の小花と茎のラインの形が面白く、イレシネのピンクと鉢のワインカラーもよく合う。

❶ ヘリクリサム（ホワイトフェリー）◯／❷ アルテルナンテラ（レッドフラッシュ）●／❸ ロータス（コットンキャンディ）◯／❹ イレシネ（ピンクファイヤー）◖

LAVANDULA

ラベンダー＋ブラック系リーフ

シルバーリーフには
黒色のリーフを合わせると
お互いを引き立て合います。

POINT

シルバーリーフにピンク色と黒色のリーフを合わせて引き立てる。

●

ラベンダーの花が終わったあと、キンギョソウが淡い紫〜ピンク色の花を咲かせる。

高低差のある黒色のリーフの間を、フクシアの落ち着いた色のリーフでつないでバランスを取る。

▪ 鉢 ▪

20cm

VILLE DEC. 13
AMBOISE
F16 1120

19cm

シンプルな寄せ植えのアクセントとなるブリキ缶を合わせる。

▪ 配置 ▪

黒色のリーフが並ばないよう対角線上に配置する。

▪ 使用する苗 ▪

❶ **ラベンダー**（プリンセスゴースト）×1
❷ **キンギョソウ**（ブロンズドラゴン）×1
❸ **フクシア**（ミスティックカラーズ）×1
❹ **ヒューケラ**×1

❶

❷

❸

❹

1

正面を決め、高さのあるものから順に背面から配置をイメージする。

2

ラベンダーは株元の傷んだ葉を摘み取り、背面右に植える。

3

キンギョソウは株元の枯れ葉を摘み取り、根鉢の底に根が回っていたらほぐして背面左へ植える。

4

フクシアは株元の枯れ葉を摘んで根鉢の土を軽く落として細くし、正面左へ植える。

5

ヒューケラは株元の枯れ葉を摘み、土を足して傾けて正面右へ植える。

6

土を入れ、すき間を埋めるように棒で軽く突く。葉の向きなど形を整え、たっぷりと水やりをする。

ARRANGE

▼ エレモフィラに変える①

エレモフィラとヘリクリサムを合わせたシルバーリーフの寄せ植え。シックな色のヒューケラと葉裏が同じ色のヘーベを入れる。ヘーベの葉表の青みがかった色が全体の色調をつなぐ。

❶ エレモフィラ・ニベア◯／❷ ヘーベ（ベイビーピンク）◖／❸ ヘリクリサム（シルバースター）◯／❹ ヒューケラ（ドルチェ・シルバーデューク）◕

▲ エレモフィラに変える②

2色だけの寄せ植え。キンギョソウとヒューケラ、エレモフィラとヘリクリサムが対になるように配置してバランスを取る。どちらの組み合わせも高さを変えることで立体的になる。

❶ エレモフィラ・ニベア◯／❷ キンギョソウ（ブロンズドラゴン）●／❸ ヘリクリサム（シルバースター）◯／❹ ヒューケラ（ドルチェ・ビターショコラ）●

カルーナ＋秋らしいリーフ

特徴的な姿と葉色のカルーナと
クリーム・イエローリーフを
組み合わせてナチュラルな印象に。

▪ 使用する苗 ▪

❶ **カルーナ・ブルガリス**×1
❷ セロシア（サンデーグリーン）×1
❸ ムラサキシキブ（シジムラサキ）×1
❹ ナツメグゼラニウム・バリエガータ×1

▪ 配置 ▪

斑入り同士が隣り合わ
ないように対角線上に
配置する。

▪ 鉢 ▪

23cm
19cm
12cm

寄せ植えを引き立てる素朴
な風合いのバスケットを合
わせる。

POINT

イエローリーフを中心として、クリーム系やイエ
ロー系の色調の似たリーフで爽やかさを演出。

リーフの色調は同じでも葉の質感で変化をつけ
て単調にならないようにする。

バスケットの左右が低くなっているので水苔を
ストッパー代わりに入れる。

■ 手順 ■

1 正面を決め、対角線上にバランスを見て配置するイメージ。

2 セロシアは株元の傷んだ葉を摘み取り、背面左に植える。

3 ムラサキシキブを背面右、ナツメグゼラニウムを正面左に植える。

4 カルーナは根鉢に苔がついていたら落とし、正面右へ植える。

5 土を入れ、すき間を埋めるように棒で軽く突く。

6 水苔を縁の周囲に敷き、葉の向きなど形を整え、たっぷりと水やりをする。

ARRANGE

濃い赤色に変える ▶

イエローからオレンジがかったカルーナに変更すると、ナチュラルな印象から秋の黄昏のような雰囲気に。ムラサキシキブの茎が紫色なので、全体的に色が調和する。

❶ **カルーナ・ブルガリス**◐／❷ セロシア（サンデーグリーン）○／❸ ムラサキシキブ（シジムラサキ）◐／❹ アルテルナンテラ（マーブルクイーン）●

◀ 強い色に明るい色を合わせる

強い色のカルーナの寄せ植えには、セイヨウイワナンテンで明るさを出す。線のようなカレックスのリーフをところどころ散らして、おしゃれな見た目に。

❶ **カルーナ・ブルガリス**●／❷ キンギョソウ（ブランルージュ・ムーン）◐／❸ セイヨウイワナンテン（フロマージュ）◐／❹ カレックス（アウバウム）●

ノブドウ＋くすみ系のリーフ

ライムイエローのノブドウと
ブロンズリーフのヒューケラの
美しい色の取り合わせ。
コプロスマが2つの色をつなぎます。

■ 使用する苗 ■

❶ ノブドウ・オーレア×1
❷ ヒューケラ（ハリウッド）×1
❸ コプロスマ（イブニンググロー）×1

❶

❷

❸

■ 配置 ■

ノブドウが前にコプロスマが横に伸びるように、植える方向に注意する。

■ 鉢 ■

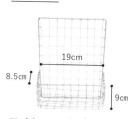

19cm

8.5cm

9cm

ワイヤーのカゴに、カゴの倍の大きさの麻布をかぶせる。

POINT

くすんだ色のヒューケラを入れてノブドウの明るさを際立たせる。

葉の小さなコプロスマを入れて変化をつける。

麻布が広がらないように注意し、ポリ袋を開き1枚のシート状にしてかぶせる。縁だけ水苔を敷いて土が流れ出ないようにする。

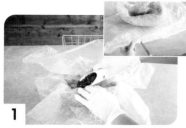

1 麻布を袋状にしてカゴに入れる。ポリ袋を1枚にして水はけ用に中心付近の底を切る。麻布にかぶせて土を入れる。

2 正面を決め、配置をイメージ。根鉢の土を落としたノブドウを左、ヒューケラを右に植える。

3 コプロスマは株分けをして、ノブドウとヒューケラを囲むように植える。

4 土を入れ、すき間を埋めるように棒で軽く突く。縁は水苔を敷く。

5 葉の向きなど形を整え、余分なポリ袋を切り取る。

6 残った部分はハサミで土の中に押し込み、たっぷりと水やりをする。

ARRANGE

▽ 形の違うリーフで引き立てる

ヒューケラをヘミグラフィスに変更し、ノブドウのライムイエローと紫がかったヘミグラフィスで色を対比させ、ノブドウをより目立たせる。どちらもつるが長く伸びるタイプなので、成長したら台にのせるか、ハンギングとして高い位置に飾るのがおすすめ。

❶ ノブドウ・オーレア ◯ ／ ❷ ヘミグラフィス（レバンダ）● ／ ❸ コプロスマ（イブニンググロー）◐

ユーフォルビア+ナチュラル感のあるリーフ

色・形・大きさとも
たくさんの種類があるユーフォルビア。
成長後の姿をイメージして
寄せ植えにします。

POINT

イエロー・ライムグリーン
のリーフで構成し、アルテ
ルナンテラの茎とヒューケ
ラの色を合わせる。

● ● ●

リーフの数が多いので
ヒューケラの大きなリーフ
をアクセントにする。

● ● ●

細いリーフのカレックスを
入れて、変化をつける。

■ 鉢 ■

17.5cm

17.5cm

アルテルナンテラの茎の色
に近い鉢を合わせる。

■ 配置 ■

ユーフォルビアが高く育つ
ので高さのあるものから順
に背面から配置。

■ 使用する苗 ■

❶ **ユーフォルビア（アスコットレインボー）**×2
❷ ヒューケラ（ファイヤーアラーム）×1
❸ アルテルナンテラ（マーキュリー）×1
❹ カレックス×1

❶　　　❷　　　❸　　　❹

■ **手順** ■

1 配置と正面を決め、枝葉の向きを考えながら配置する。

2 ユーフォルビアは傷んだ葉を摘み取り、根鉢の土を軽く落として背面中央に2株植える。

3 ヒューケラはリーフが正面を向くように土を足して、手前にやや傾けて正面中央に植える。

4 アルテルナンテラは根鉢の土を軽く落として細くし、正面左に植える。

5 カレックスは根鉢の土を落として細くし、正面右に植える。

6 土を入れ、すき間を埋めるように棒で軽く突く。葉の向きを整え、たっぷりと水やりをする。

ARRANGE

濃い色で引き締める ▶

イエロー・ライムグリーンのユーフォルビアと、アルテルナンテラの明るい色に、黒竜とストロビランテスの濃い色を合わせて全体の色味を引き締める。配置は同じ印象のリーフを対角線上に配置して色が偏らないようにする。

①ユーフォルビア（アスコットレインボー）◑／**②アルテルナンテラ（マーキュリー）**◑／**③ストロビランテス**◑／**④黒竜**●

リシマキア＋葉形の違うリーフ

リシマキアをメインに
姿の異なる
ライムイエローのリーフでまとめて。

POINT

ライムイエローのリーフで統一。葉形の違うものを組み合わせて、変化に富んだ寄せ植えに仕上げる。

リシマキアは、秋に向かうと色が変化してメラレウカの枝と同じような色になり、季節の変化を味わえる。

リシマキアは水を好むので、組み合わせは同じ性質のものを選ぶ。

■ 鉢 ■

19cm

20cm

寄せ植えを目立たせるために無機質なブリキ缶の鉢を選ぶ。

■ 配置 ■

背の高いものから背面から順に配置していく。

■ 使用する苗 ■

❶ リシマキア（リッシー）×1
❷ メラレウカ（レボリューションゴールド）×1
❸ ヘリオプシス（サンバースト）×1
❹ リシマキア・オーレア×1

❶　　❷　　❸　　❹

1 正面を決め、配置をイメージする。内側にカバーがあるものは水はけ用の穴を開けておく。

2 メラレウカは傷んだ葉を摘み取り、根鉢の下部に根が回っていたらほぐして、背面中央に植える。

3 リシマキア（リッシー）は株元の傷んだ葉を摘み取って正面左へ植える。

4 ヘリオプシスは株元の枯れ葉を摘んで正面右へ植える。

5 リシマキア・オーレアは根鉢の土を落としてやや細くし、正面中央へ植える。

6 土を入れ、すき間を埋めるように棒で軽く突く。葉の向きなど形を整え、たっぷりと水やりをする。

ARRANGE

▽ 秋らしさを感じさせる

シックなリーフでより秋らしさを演出。テマリシモツケは高さがあるので葉裏が見えやすく、葉裏の青みがかった色とシルバーリーフの色を組み合わせて一体感を持たせる。

❶ リシマキア（リッシー）◑／❷ テマリシモツケ（リトルジョーカー）●／❸ ダイコンドラ（シルバーフォール）○／❹ タイム（スパークリングタイム）○

▲ グリーンの鉢で印象を変える

リーフ類と同じブルーグリーンの鉢にして色をなじませれば、全体にまとまりのある印象に。ジャスミンは明るさを保つためにシルバーリーフを隠さないよう少なめに入れる。

❶ リシマキア（リッシー）◑／❷ テマリシモツケ（リトルジョーカー）●／❸ ダイコンドラ（シルバーフォール）○／❹ タイム（スパークリングタイム）○／❺ ジャスミン（フィオナサンライズ）○

ワイヤープランツ+同じ色調のリーフ

ワイヤープランツを中心に
斑入りのクリーム系と
イエロー系のリーフでまとめて。

POINT

ワイヤープランツを生かすために、鉢の白地の部分が正面になるように調整する。

チゴユリ、ヒューケラ、コゴメウツギほか半日陰でも育つ丈夫なリーフで寄せ植えにする。

ワイヤープランツにはスピレア、チゴユリにはコゴメウツギとヒューケラを合わせて引き立てる。

■ 鉢 ■

18.5cm

18.5cm

リーフと同系色の鉢で色調をそろえる。

■ 配置 ■

斑の入り方が同じリーフが並ばないように、斑入りでないリーフを間に入れる。

■ 使用する苗 ■

❶ **ワイヤープランツ（スポットライト）×1**
❷ **チゴユリ（チャイニーズフェアリーベルズ・ムーンライト）×1**
❸ **スピレア（ゼンスピリット・キャラメル）×1**
❹ **斑入りコゴメウツギ×1**
❺ **ヒューケラ（キャラメル）×1**

❶　❷　❸　❹　❺

■ **手順** ■

1

正面を決め、高さのあるものから順に背面から配置をイメージする。

2

チゴユリは株元の傷んだ葉を摘み取り、背面右に植える。

3

スピレアは根鉢についた苔や株元の枯れ葉を落とし、背面左へ植える。

4

コゴメウツギとワイヤープランツは根鉢の土を軽く落として細くし、それぞれ正面中央・左へ植える。

5

ヒューケラは株元の枯れた葉を摘み、土を足して外側に傾け、正面右へ植える。

6

土を入れ、すき間を埋めるように棒で軽く突く。葉の向きなど形を整え、たっぷりと水やりをする。

ARRANGE

性質が反対のリーフで引き立てる▷

斑入りのワイヤープランツをメインとし、引き立て役として濃い色・質感・大きさの違うリーフを入れる。ワイヤープランツの茎とヒューケラ、スイスチャードの葉柄で色を合わせる。麻袋を器にしてカジュアルな寄せ植えに。

❶ **ワイヤープランツ（スポットライト）** ◖◗／❷ **ヒューケラ** ●／❸ **コロニラ・バレンティナ・バリエガータ** ◖◗／❹ **スイスチャード** ◖

ハボタン＋小さなリーフ

ハボタンとタイムだけのシンプルな寄せ植え。
クリーム系のリーフに
ところどころ入る紫がポイント。

▪ 使用する苗 ▪

❶ ハボタン（フレアホワイト）×2
❷ ハボタン×2
❸ タイム（フォックスリー）×2

❶

❷

❸

▪ 配置 ▪

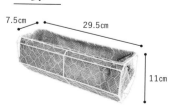

規則正しくならないように植え、すき間にタイムを入れる。

▪ 鉢 ▪

7.5cm　　29.5cm

11cm

傾けて斜めに置いても飾れるバスケット。ワイヤーと麻布でナチュラルに。

POINT

1ポット複数株のハボタンを株分けして使い、自由度を高める。不規則に植えると自然な感じになる。

芯がピンク色のハボタンに葉裏が同じ色のタイムを合わせる。

配置に迷ったらリーフの小さなものを上段に、大きなものを下段にする。

■ 手順 ■

1 ハボタンを2種とも株分けする。株元に枯れた葉があれば摘み取る。

2 規則正しくならないようにハボタン（フレアホワイト）を並べる。

3 根鉢の土を落とし、すき間を埋めるように紫色のハボタンを植えていく。

4 タイムも株分けして根鉢の土を落とし、ハボタンのすき間へ植える。

5 土を入れ、すき間を埋めるように指で押し込む。土が流れないように内側を水苔で囲む。

6 葉の向きを整え、株全体に水が染み込むように、水を張った器につけて底面灌水する。

ARRANGE

シックなリース ▷

リースをつくる場合はハボタンを株分けし、基本的に同じパターンを繰り返して配置する。全体的に濃く暗めの色で、ハボタンの斑の白さを際立たせる。

❶ **ハボタン（ヴィンテージブーケ）**◐／❷ **ケール（ファントム・ブーケ）**●○／❸ **ウンシニア（エバーフレーム）**●／❹ **イベリス**○

◁ 補色で引き締める

バスケットを長いものに変更した場合、3種類だけだと単調になるので、ハボタンに含まれる緑色に対して補色の関係である紫色やケールの黒色を入れて全体の色調を引き締める。

❶ **ハボタン（フレアホワイト）**◐／❷ **ハボタン**◐／❸ **ハボタン**●／❹ **観賞用ケール（ファントム・ブーケ）**●／❺ **シロタエギク**○／❻ **アリッサム**○

へーベ＋葉形の違うリーフ

ライムグリーンと
ブラウンのリーフを
合わせて。

POINT

3種類だけでつくる高さの
ある寄せ植え。へーベは成
長後に広がり、カルーナが
直線的に展開し、メラレウ
カが茂って空間を埋める。

●

へーベが目立つように、葉
の大きさが小さいものを
合わせる。

●

ブラウンリーフが入ること
でほかの明るい色のリー
フがより引き立つ。

■ 鉢 ■

18.5cm

18.5cm

寄せ植えの色に合うように
クリーム色の鉢を選び、明
るい雰囲気にする。

■ 配置 ■

メラレウカ以外2株まとめ
て使用し、三角形に配置。

■ 使用する苗 ■

❶ へーベ・バリエガータ×2

❷ メラレウカ（レッドジェム）×1

❸ カルーナ・ブルガリス×2

❶

❷

❸

■ 手順 ■

1 正面を決め、高さのあるものから配置をイメージする。

2 メラレウカは株元の傷んだ葉を摘み取り、根鉢の下部に根が回っていたらほぐして背面右に植える。

3 ヘーベは株元の枯れ葉を落とし、根鉢の下部に根が回っていたらほぐして左と背面左へ2株植える。

4 カルーナは根鉢の下部に根が回っていたらほぐして、正面中央へ2株植える。

5 土を入れ、すき間を埋めるように棒で軽く突く。

6 葉の向きなど形を整え、たっぷりと水やりをする。

ARRANGE

▽ 高低差と色で引き立てる

濃い同系色のカルーナとヒューケラで明るいイエローリーフのヘーベを対比させる。ヘーベ以外のリーフは下段〜中段に広がり、ヘーベの存在感を引き立てる。

❶ ヘーベ・バリエガータ◗／❷ カルーナ・ブルガリス◗／❸ ヒューケラ（ファイヤーアラーム）●

▲ シルバーで統一

シルバーに紫色の斑が入ったヘーベに変更した場合、シルバー部分と同じ色味のロータス、シロタエギクで色を統一する。ヘーベの紫の斑がより目立つようにする。高さがあり、ロータスが垂れ下がるので鉢は高さのあるものを使用する。

❶ ヘーベ（ベイビーピンク）◖／❷ シロタエギク○／❸ ロータス（コットンキャンディ）○

ヤブコウジ＋季節感を演出するリーフ

ヤブコウジのクリーム色と
ブラックリーフの対比を楽しむ
寄せ植えに。

POINT

ヤブコウジの斑に合う、紫
〜黒色のハボタン、ストロ
ビランテスで色を引き立て
る。

◎

白実のチェッカーベリーと
スキミアを使ってやわらか
さをプラスする。

◎

斑が入ったヤブコウジと
コロニラで全体を挟み込
むようにする。

▪ 鉢 ▪

19.5cm

17cm

ヤブコウジを際立たせるた
めに白の容器を選択して
鉢の存在感を薄くする。

▪ 配置 ▪

高低差をつけ、ヤブコウジ
と似た色の葉が隣り合わ
ないように配置。

▪ 使用する苗 ▪

❶ **ヤブコウジ斑入り**×2

❷ スキミア（ホワイトグローブ）×1

❸ ストロビランテス（ブルネッティー）×1

❹ ハボタン（ブラックサファイア）×1

❺ チェッカーベリー（ビッグベリーホワイト）×1

❻ コロニラ・バレンティナ・バリエガータ×1

1 正面を決め、ヤブコウジが目立つように全体の配置をイメージする。

2 スキミアは株元の傷んだ葉を摘み取り、背面中央に植える。

3 ストロビランテスとハボタンは根鉢の土を落として細くし、背面左と右へ植える。

4 ヤブコウジは株元に傷んだ葉があれば摘んで正面左へ2株植える。

5 チェッカーベリーとコロニラは株元をきれいにし、正面中央と右へ植える。

6 土を入れ、すき間を埋めるように棒で軽く突く。葉の向きなど形を整え、たっぷりと水やりをする。

✿ ARRANGE

▼ 白→赤へのアレンジ

スキミア、チェッカーベリーを白色から赤色に変更し、鉢も赤に近い素焼きのものを使用。ストロビランテスは、茶色のコプロスマに変えて色調を統一する。チェッカーベリーの紅葉で濃い色の面積が増えたので、ハボタンに代わるものは入れない。

❶ ヤブコウジ斑入り◑／**❷** スキミア（セレブレーション）●／**❸** チェッカーベリー●／**❹** コプロスマ（コーヒー）●／**❺** コロニラ・バレンティナ・バリエガータ◑

AJUGA

アジュガ＋流れをつくるリーフ

ピンク色のアジュガに
シルバーリーフを合わせ、
落ち着いた雰囲気のリースに。

POINT

ピンク〜グレーのリーフを
そろえ、アジュガ2種に動
きのあるリーフを組み合
わせる。

容器に収めるために根の
土を落としやすい植物を
選ぶ。

土が流れ出ないように水
苔で覆う。外側の縁、内側
の縁、株間の順で行う。こ
うすることで内径がよく見
え、形がきれいになる。

▪ 鉢 ▪

土のようにも見えるヤシ繊
維のリースを選ぶ。

▪ 配置 ▪

並びをパターン化し、暗い
色には明るい色が隣り合う
ように配置。

▪ 使用する苗 ▪

❶ アジュガ（バーガンディーグロー）×3
❷ アジュガ×3
❸ ポリゴナム×3
❹ グレコマ・バリエガータ×1
❺ ロータス・クレティクス×1

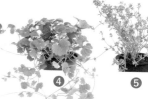

■ 手順 ■

1 アジュガの位置を決めてほかの
リーフの配置をイメージする。

2 アジュガ（バーガンディーグロー）は
傷んだ葉を摘み取って土を落とし、
均等な間隔に植える。

3 アジュガとポリゴナムも同様に葉
を摘み、土を落として同じ並びで
すき間へ植える。

4 グレコマとロータスはそれぞれ3
つに株分けして、規則正しくすき
間に植える。

5 土を入れて指で押し込み、全面水
苔で覆う。

6 葉の向きを整え、株全体に水が染
み込むように、水を張った器に浸
けて底面灌水する。

ARRANGE

⊙ 色・形の違うリーフに変える

ロータスをライムグリーンのジャスミンに変更し、明る
い色で引き締める。また、ジャスミンの葉が、全体のア
クセントにもなっている。

❶アジュガ（バーガンディーグロー）◖／❷アジュガ●
／❸ポリゴナム○／❹グレコマ・バリエガータ◖／❺
ジャスミン（フィオナサンライズ）○

⊙ ヒューケラのパターン

紫系統のヒューケラとトレニアでそろえたリース。
白色の斑のヒサカキで明るくし、中央上部にアステ
リアを入れて変化をつける。

❶ヒューケラ（オブシディアン）●／❷ヒューケラ（シ
ルバーデューク）◖／❸ヒューケラ（グレープソーダ）
○／❹トレニア（カタリーナブルーリバー）○／❺ヒ
サカキ（ハクテン）○／❻アステリア（ウェストランド）
◖

クローバー＋ナチュラル感のあるリーフ

ワイン色のクローバーに
斑入りのグレコマを合わせ、
明暗のコントラストを
利かせます。

▪使用する苗▪

❶ **クローバー**（ティント ワイン）×1

❷ **リシマキア**（シューティングスター）×1

❸ **グレコマ・バリエガータ**（レッドステム）×1

❶　❷　❸

▪配置▪

クローバーを中心にし
てリシマキアを左、グ
レコマを右に配置。

▪鉢▪

23cm

SENTIMENT PUR
150 HHW 800
PEN1-5-1910-/g

11cm

12 cm

リーフと同じピンク色のブリ
キ缶。フェンスがついていて
壁にかけられる。

POINT

クローバーの葉色とリシマキアの斑の色、グ
レコマの茎の色を合わせる。

はうように広がるリーフをそろえているので、
詰め込みすぎないように、ゆとりを持たせる。

あえて株分けせず、クローバーの色を際立た
せるためにそのまま植える。

1 正面を決める。グレコマは茎の流れが内側に向くように調整。

2 クローバーは株元の傷んだ葉を摘み取り、根が回っていたら広げて中央に植える。

3 リシマキアも同様に傷んだ葉を摘み、左へ植える。

4 グレコマも株元の傷んだ葉を摘んで右へ植える。

5 土を入れ、すき間を埋めるように棒で軽く突く。

6 葉の向きなど形を整え、たっぷりと水やりをする。

ARRANGE

▽ 同系色でまとめる

淡い緑色～青色で全体を統一した寄せ植え。クローバーに入った斑の紫色と、葉の数が目を引く。鉢の色も葉の色と近いものを合わせる。

❶ クローバー（プリンセス スイートマイク）◐／❷ ラミウム◐／❸ コンボルブルス・クネオルム○

△ 白色で際立たせる

ほぼ白色の明るいリーフのヘデラと白竜で、濃い色のクローバーを際立たせる。クローバーは広がりながら上へと茂っていくので、つる状に伸びるヘデラと流れをつくる白竜で動きを出す。

❶ クローバー（プリンセス エステル）●／❷ ヘデラ（白雪姫）○／❸ 白竜◐

ハツユキカズラ+紫系リーフ

つるがどんどん伸びて茂る
丈夫なハツユキカズラ。
紫リーフと組み合わせて
シックな印象のハンギングに。

■ 鉢 ■

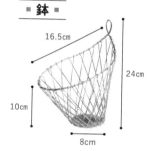

ハンギングの深さの、倍の
大きさの麻布とポリ袋を入
れて使用する。

■ 配置 ■

株分けしたハツユキカズラ
のつるの流れを調整する。

■ 使用する苗 ■

❶ ハツユキカズラ×2
❷ ヒューケラ（シナバーシルバー）×1

❶　　❷

■ **手順** ■

1 バスケットに麻布を入れる。ポリ袋の端に切れ目を入れる。

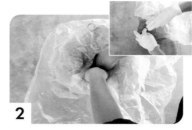

2 ポリ袋の切れ目の部分を底にして入れ、麻布の縁を内側にふわっと折り込む。

3 ハツユキカズラは1株ずつ株分けして土をほぼ落とす。

4 左にヒューケラを植える。ハツユキカズラは1株ずつしっかりと土に植える。

5 土を入れて指で押し込み、葉の向きなど形を整え、縁に水苔を敷く。

6 ポリ袋をバスケットに沿って切って押し込み、たっぷりと水やりをする。

ARRANGE

色違いのリーフに変える▶

同じ仲間のテイカカズラとヒューケラを使った色違いの寄せ植え。枝と一部のリーフに赤みが入ったテイカカズラとヒューケラの色を合わせる。テイカカズラも1株ずつ株分けして流れをつくる。

❶**テイカカズラ**（黄金錦）◑／❷**ヒューケラ**●

フィットニア＋葉色の違うリーフ

葉の網目模様がおもしろい
フィットニア。
葉色が違う3種類を使って
色の取り合わせを
楽しみましょう。

▪ 使用する苗 ▪

❶ フィットニア×1
❷ フィットニア×1
❸ フィットニア×1

❶

❷

❸

▪ 配置 ▪

リーフの大きいものを
背後に、手前に小さい
ものを三角形に配置。

▪ 鉢 ▪

15cm

17cm

寄せ植えの色が鮮やかなの
で、グレーの鉢で引き立て
る。

POINT

網目模様が赤色ではっきりしているフィット
ニアに対して、リーフの網目模様が比較的目
立たない2種を選んでバランスを取る。

●

背後に暗い色のフィットニアを配置し、手前
のピンク色を引き立てる。

●

ピンク～赤色の反対色の明るい緑色の葉を
入れることで全体の色調を引き締める。

1

正面を決め、高さのあるものが奥になるように三角形に配置する。

2

蒸れないように、各株元の葉を摘み取る。グリーンのフィットニアを左へ植える。

3

濃い色のフィットニアは背面右へ植える。

4

最後にピンク色のフィットニアを手前へ植える。

5

土を入れ、すき間を埋めるように棒で軽く突く。

6

葉の向きなど形を整え、たっぷりと水やりをする。

ARRANGE

▽ 3株のリシマキアのパターン

同じように、色違いのリシマキアを使った寄せ植え。フィットニアの寄せ植えとは反対に色の濃いリーフを引き立てるために、明るいリーフを背後に配置する。すべてはうように広がり、鉢全体を覆うため、ナチュラルな色の鉢を選ぶ。

❶リシマキア（ミッドナイト・サン）◑／❷リシマキア・オーレア◯／❸リシマキア（リッシー）⬤

アジュガ＋葉色を際立たせるリーフ

濃い紫色～ブラックのアジュガは
どんな寄せ植えにも使える万能選手。
脇役になりがちですが、
主役として使います。

■ 使用する苗 ■

❶ アジュガ×1

❷ アルテルナンテラ（バリホワイト）×1

❸ ルメックス（ブラッディドッグ）×1

❶　❷　❸

■ 配置 ■

ルメックスを背後にし
て三角形に配置する。

■ 鉢 ■

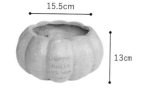

15.5cm

13cm

カボチャのような鉢で、寄せ
植えを邪魔しないシンプル
な色。

POINT

アジュガの濃い紫色とルメックスの網目模様
の紫色を合わせる。

◉

アジュガより葉が小さいアルテルナンテラと、
長いリーフのルメックスで形の変化をつける。

◉

白色～ピンク色の斑の入った明るいアルテ
ルナンテラをアクセントにする。

1 正面を決め、三角形になるように配置をイメージする。

2 アジュガは株元の傷んだ葉を摘み取り、左へ植える。

3 アルテルナンテラは根鉢の肩の土を落とし、右へ植える。

4 ルメックスは株元の葉を摘み、背面へ植える。

5 土を入れ、すき間を埋めるように棒で軽く突く。

6 葉の向きなど形を整え、たっぷりと水やりをする。

ARRANGE

▼ 小さなリーフに変える

アルテルナンテラをオレアリアに変更した寄せ植え。葉がさらに小さく細かくなり、アジュガとの大きさの対比が強くなる。また、白色の葉が茂って全体を明るくする効果もある。

❶アジュガ●／❷オレアリア（リトルスモーキー）○／❸ルメックス（ブラッディドッグ）◗

観賞用ケール＋ブラック＆ホワイトリーフ

青みがかったケールにキンギョソウと
シルバーリーフを合わせ、
コントラストを利かせます。

POINT

大きな葉のケールに細やかな葉のキンギョソウとオレアリアを組み合わせて変化をつける。

◉

成長するとキンギョソウが立ち上がり高低差のある寄せ植えになる。

◉

濃い色のリーフは奥に、明るいリーフは手前に配置して奥行きを出す。

■ 鉢 ■

11cm

13.5cm

グリーンの鉢を使い、落ち着いた印象を与える。

■ 配置 ■

上に伸びるものを背後に、下に伸びるものを手前に配置。

■ 使用する苗 ■

❶ 観賞用ケール（ファントム）×1
❷ キンギョソウ（ブロンズドラゴン）×1
❸ オレアリア（リトルスモーキー）×1

❶

❷

❸

1 正面を決める。三角形になるように配置をイメージする。

2 キンギョソウは土を落とし、根鉢を細くして背後に植える。

3 ケールも土を落とし、根鉢を細くして左へ植える。

4 オレアリアも土を落として根鉢を細くして右へ植える。

5 土を入れ、すき間を埋めるように棒で軽く突く。

6 葉の向きなど形を整え、たっぷりと水やりをする。

ARRANGE

▽ ブラック系リーフに変える

全体的にブラック系のリーフでまとめることで、濃淡のあるピンク色のキンギョソウがポイントに。明るい色の鉢を使うことで、シックな色の寄せ植えがより引き立つ。

❶ 観賞用ケール（ファントム）● ／ **❷** キンギョソウ（ブランルージュ・ムーン）◑ ／ **❸** クローバー（プリンセスダークデビー）●

△ 脇役の色を変える

キンギョソウを青みがかった赤色の斑入りに変更し、全体を青色ベースでまとめる。つやのある質感と色によって印象が変わる。

❶ 観賞用ケール（ファントム）● ／ **❷** キンギョソウ（ダンシングクイーン）● ／ **❸** オレアリア（リトルスモーキー）○

ハボタン＋シックに仕上げるリーフ

冬を彩るハボタン。
つやのあるブラックリーフを使って
シンプルな寄せ植えにします。

■ 鉢 ■

11.5cm

12cm

白色の明るい鉢にして暗い
色のリーフを引き立てる。

■ 配置 ■

ブラウンリーフが並ばない
ように対角線上に配置。

■ 使用する苗 ■

① ハボタン（光子ロイヤル）×1
② クローバー（プリンセス スイートマイク）×1
③ コプロスマ（コーヒー）×1
④ エレモフィラ・ニベア×1

①

③

④

1

正面を決め、色がかぶらないように配置をイメージする。

2

ハボタンは株元の傷んだ葉を摘み取り、正面左に植える。

3

クローバーは根鉢の下部をほぐし、正面右へ植える。

4

コプロスマとエレモフィラは根鉢の土を軽く落として細くし、背面左右へ植える。

5

土を入れ、すき間を埋めるように棒で軽く突く。

6

葉の向きなど形を整え、たっぷりと水やりをする。

ARRANGE

▽ シルバーリーフを強くする

クローバーをガーデンシクラメンに変え、シルバーリーフを強め、銀と黒の対比を楽しむ。ブラックリーフとシルバーリーフは対角線上に配置。

❶ ハボタン (光子ロイヤル) ●／**❷ ガーデンシクラメン** (アフロディーテ) ○／**❸ コプロスマ** (コーヒー) ●／
❹ エレモフィラ・ニベア ○

△ 同系色の組み合わせ

紫がかった同系色のヘーベとケールとの寄せ植え。似た色のものでも、リーフの形が違うものを合わせれば、大輪の花のようなハボタンがより引き立つ。

❶ ハボタン (ベルサイユ ブラック) ●／**❷ 観賞用ケール** (ファントム) ●／**❸ ヘーベ** (ジョアンマック) ●

ヒューケラ+グラデーションを楽しむリーフ

ヒューケラはカラーリーフの定番。たくさんの色があるのでどんな色の寄せ植えでもつくれます。

POINT

ヒューケラと同じグレーがかったブラウンの入ったリーフで統一する。

リーフの形がそれぞれ違うため、見た目の面積が大きなヒューケラがよく目立つ。

ウンシニアとミッチェラで動きを出す。

ヒューケラの模様に合わせて、ひび模様が入った鉢を選んで統一感を出す。

■ 鉢 ■

14.5cm

17cm

寄せ植えの色が暗めなので、白色の鉢を選んで引き立てる。

■ 配置 ■

背の高いものから不規則に並べ、高さのある寄せ植えに。

■ 使用する苗 ■

❶ ヒューケラ×1
❷ ユーフォルビア（ブラックバード）×2
❸ ウンシニア（ファイヤーダンス）×1
❹ ミッチェラ・レペンス×1

❶

❷

❸

❹

■ 手順 ■

1 正面を決め、配置をイメージ。ユーフォルビアは根鉢の土を落として細くし、背面に2株植える。

2 ヒューケラは株元の傷んだ葉を摘み取り、正面左へ植える。

3 ウンシニアは根鉢の土を軽く落として細くし、正面右へ植える。

4 ミッチェラも根鉢の土を軽く落として細くし、正面中央へ植える。

5 土を入れ、すき間を埋めるように棒で軽く突く。

6 葉の向きなど形を整え、たっぷりと水やりをする。

ARRANGE

ヒューケラの色を変える ▶

ブラウン系の色のヒューケラから黄色のヒューケラへ変更。葉裏が青みがかったピンクなので、全体の色調が損なわれない。さらに葉表も青みがかった黄色で、ウンシニアのリーフとユーフォルビアの先端に共通する色が含まれている。

❶ **ヒューケラ（キャラメル）** ◑／❷ **ユーフォルビア（ブラックバード）** ●／❸ **ウンシニア（ファイヤーダンス）** ●／❹ **ミッチェラ・レペンス** ●

鉢のタイプが違う寄せ植え

寄せ植えは植物の組み合わせ以外に鉢や器によって表情が変化します。植物を生かす色や形を選ぶのが基本ですが、お互いを引き立て合う組み合わせもあります。

楕円形のプラスチック鉢

寄せ植えを生かす色で、曲線がやわらかな印象を与える。横長なので正面はボリュームがあり、横は奥行きを感じさせる。軽く扱いやすい。

❶ カルーナ・ブルガリス◗／❷ ビオラ（神戸べっぴんさん・ブルーシャドウ）◗／❸ アリッサム○／❹ オレアリア（リトルスモーキー）◖／❺ カレックス◗

ブック形の器

個性的な器に小さな葉・花で寄せ植えをつくる。器と植物の色を合わせれば、お互いを引き立て合う寄せ植えになる。

❶ クローバー（ティント ロゼ）◗／❷ カリブラコア（ティフォシー・アンティーク）◖／❸ プレクトランサス（ブルースパイヤー）◗／❹ タイム（スパークリングタイム）◗

リースとスタンド

リースはスタンドを用意すれば好きな場所に飾れる。スタンドはリースを生かすために、目立たない色と形のものが多い。

❶ ハボタン●／❷ ビオラ●／❸ イベリス○／❹ シロタエギク○

長方形の角鉢

ブラックリーフの寄せ植えと対比する白い角鉢を合わせ、お互いの色を際立たせる。見下ろしたときに鉢が見えるように高さ（深さ）のあるものを選ぶ。

❶ 観賞用ケール（ファントム・ブーケ）●／❷ ロータス・クレティクス◖／❸ エリカ・ダーレンシス◗／❹ 黒竜●

PART

5

庭植えで楽しむ
カラーリーフ

カラーリーフは花のない時期でも庭を彩る役割があります。
植える場所やその効果を見て、庭づくりのヒントにしてください。

彩りを楽しむ

カラーリーフは花よりも長期、庭を彩ってくれます。
成長して茂りながら庭の表情を変え、さまざまな色や形の葉が
組み合わさることで、飽きのこないグリーンで覆われた庭をつくります。

ほぼカラーリーフだけの植栽

ウッドデッキに植えられたカラーリーフ。イエロー、ライムグリーン、斑入りのリーフなどが彩り、リーフだけで明るい植栽となる。

花を引き立てる

鉢植えのダイモンジソウをイエローリーフのリシマキアとヒューケラの間に飾り、花の色を引き立てる。

小さな花壇

コリウスのブラウンリーフを背景に、アルテルナンテラ（レッドフラッシュ）とヒューケラ、テイカカズラ（黄金錦）が足元を飾る。

季節で表情を変える

夏に成長がにぶっていたコリウス（上）も、涼しくなると元気に成長する（右）。

明るいリーフ

斑入りのアリッサムとシルバーリーフのラベンダー。明るい色でトレニアの花色とよく合う。

小さな庭

花壇を小さな庭に見立てて、カラーリーフいっぱいの植栽。小さな家のような鉢には多肉植物が茂る。

カラーリーフは色だけでなく、さまざまな大きさ・形があります。
個性的な形のものから質感が違うものまで、
複数のリーフを植栽するだけで、ナチュラルな雰囲気になります。

ギボウシ

大きなハート形の葉と葉の形に沿ってできる葉脈が特徴的。庭植えでは定番の植物で、ホスタとも呼ばれる。

ヒューケラ

葉色のバリエーションが多く、人気のあるカラーリーフ。寄せ植えや庭のワンポイントとして組み入れやすい。

カレックス

葉が細く広がり、葉の色も豊富。風になびく葉の姿が美しく、庭の植栽にアクセントを加える。

ラムズイヤー

葉は銀色のやわらかな毛に覆われ、触るとふわふわとした質感が楽しい。多年草で毎年生育範囲を広げる。

レモンタイム

タイムの斑入り品種。小さく細かな葉が茂ってはうように広がり、庭に香りを漂わせる。グラウンドカバーとしても利用される。

フウチソウ

日本原産の多年草で、葉の表に白っぽい斑が入り、裏は緑色。かすかな風にもさらさらと音を立ててなびく姿が和の庭に合う。

五色ドクダミ

ハート形の葉の縁に斑の入るドクダミの品種。とにかく丈夫で場所を選ばないが、増えすぎることがあるので注意。

プルモナリア

多くの園芸品種があり、細長い葉に斑点状の斑が入るもの、銀白色の葉のものがある。半日陰でも育つ。

半日陰を楽しむ

1日3時間程度日があたる半日陰を好むカラーリーフは、暗くなりがちな場所を鮮やかにしてくれます。
とくに、斑入りのカラーリーフは、ほかのものと比べて夏の強い西日で葉焼けを起こしやすいので、夏に半日陰になる場所が適しています。

丈夫なカラーリーフ

ヤブラン、シダ類、五色ドクダミ、ヤブコウジの斑入りなどは丈夫で、半日陰の湿度が高い場所でもよく育つ。

半日陰を明るくする

シルバーリーフのブルネラ（ジャックフロスト）と斑入りのギボウシは、涼し気な葉色で暗くなりがちな場所を明るくする。

葉色のコントラスト

青みがかった葉の縁に白い斑が入るエゴポディウムとムラサキミツバの組み合わせ。似た形と対比する葉色のコントラストで、お互いを引き立て合う。

半日陰でも鮮やかに

葉色の豊富なヒューケラは、日なた、半日陰のどちらでも生育する。半日陰の場所に明るい色のものを植えれば、冬に地上部が枯れるまで色鮮やかな場所に変わる。

使い勝手がよい植物

ユキノシタは湿った半日陰を好み、脈に沿って斑が入る。ほかの植物が育ちにくい場所で育つため、使い勝手がよい植物のひとつ。

木の足元に最適

葉の表面に毛が生えていて、シルバーがかった青みのある葉が、木の足元を飾る。アルケミラ・モリスとも呼ばれ、淡い黄色の花が咲く。

白斑でラインをつくる

木陰に植えられた白斑のヤブラン。細くしなやかな葉と爽やかな色の葉と花が、庭の眺めに流れるようなラインをつくる。

グラウンドカバー

花壇の縁や小道沿いなどに、地面を覆うように広がるグラウンドカバー。
地面の土が見えないようにすると、
境界があいまいになって風景に溶け込みます。
植栽する場所、目的によってさまざまな利用方法があります。

小道と花壇の境界

はうように広がるリシマキア・オーレア。先端の明るい葉色と株元の緑の葉がグラデーションとなり、小道と花壇の境界に茂って地面を覆う。

シックな葉とピンクの花

ポリゴナムは旺盛に茂るグラウンドカバー。葉の中央に模様が入り、球状のピンクの花をつける。ヒメツルソバとも呼ばれる。

半日陰の地面を覆う

アジュガは中心から出る新しい葉の色が濃く、地面をシックな色で覆う。生育旺盛で日なた、半日陰どちらでもよく茂る。

グラウンドカバーの混植

リシマキア、グレコマ、ヤブコウジが混ざった植栽。グラウンドカバーでも複数の植物が組み合わさると、色や形が単調にならない。

塀から垂れ下がる

塀の上に植えられたハツユキカズラ。つ
る状に茂る葉が塀から垂れ下がり、無機
質な構造物を明るい雰囲気に変える。

反対色で引き立てる

チョコレート色のクローバーは、
花も青みを帯びた紫色。ほかの
グラウンドカバーの反対色とし
てお互いの色を引き立て合う。

目地のすき間を埋める

飛び石のすき間に植えられたジャノヒゲ。
株がどんどん増えて密になり、目地のす
き間をきれいに埋める。

葉と実のコントラスト

ワイルドストロベリーは、葉の明るい色と
かわいらしい赤い実のコントラストが美
しい。近年人気のグラウンドカバー。

多くの緑の葉の中に強い色のカラーリーフが入ると、
そこに視線が集中する「フォーカルポイント」になります。
庭の植栽では低木や多年草のうち、
色や模様が独特なものがその役割を果たします。

小花との色調
葉がシルバーで青い小花をつけるブルネラの中に、銅
葉のリグラリアがよく目立つ。リグラリアの葉の表が青
みがかっているので、ブルネラの花と色調が合う。

個性的な斑
ホタルが止まっているような斑が入る「蛍斑（ほたる
ふ）」のツワブキ。緑の葉の中で個性的な葉が目を引く。

高低差を利用
グラウンドカバーのハ
ツユキカズラの中に
植えられた、背の高い
銅葉のコリウス。高さ
と葉色の違いでメリ
ハリのある植栽になる。

ブラックで統一

同系色でまとめられたヒューケラ、リシマキア、ビオラ。ブラックで統一され、緑の植栽の中でひときわ目を引く。

鉢植えで高さを出す

鉢に植えられた斑入りのギボウシ。存在感のあるギボウシを高さのある鉢に植えることで、存在感が増し、高い目線で眺められる。

効果的な色使い

グリーンとライムイエローの植栽の中に黄色のヒューケラが入り、フォーカルポイントとなる。ヒューケラはそれほど大きくなくても存在感がある。

つるで動きを出す

花壇の隅につる性のポトス、トラディスカンチアなどの寄せ植えを飾り、つる性の植物で動きのある風景に。

カラーリーフには葉だけでなく、花を楽しめるものもあります。
小さくかわいらしい花から見ごたえのある花、また花後につける実など、
庭の主役にも脇役にもなるカラーリーフは重宝します。

アジュガ

紫色の小さな花を円すい状につける。ほかの
植物の芽吹きと同じくらいに咲くので、春の訪
れを感じさせる。

銅葉ダリア

葉も花も楽しめる銅葉のダリア。たくさんの品種
があり、花の色や咲き方などさまざま。

ギボウシ

薄紫～白色の筒状の花を初夏～夏に咲かせる。
存在感のある葉に負けないくらいよく目立つ。

ヒューケラ

花の茎の先端に穂のように小さな花をつける。そ
れほど目立たない花だが、半日陰をやさしく彩る。

PART

6

カラーリーフ図鑑

本書のPART 3、PART 4で紹介した
寄せ植えに使われているカラーリーフなどの植物を紹介します。
生育タイプや日照などの情報を確認してから苗を購入しましょう。

立ち上がる

比較的上方へと
まっすぐ伸びるタイプです。
縦のラインを強調したいときや
高低差をつける寄せ植えなどに
適しています。

オレガノ（ミルフィーユ）

科名 シソ科　別名 花オレガノ　生育タイプ 多年草
日照 日なた　草丈 8〜15cm

草丈があまり高くならず、株はコンパクトでこんもりと茂る。初夏から秋によく開花し、丸みを帯びたピンク色の花をつける。寒さに強く、よほどの寒冷地でなければ、霜の降りない軒下で冬越しできる。

オレガノ（ユノ）

科名 シソ科　別名 花オレガノ　生育タイプ 多年草
日照 日なた　草丈 15〜60cm

苞葉（ほうよう）が重なって房となり花のようになる。花房は濃いピンク色に色づく。秋になって気温が下がってくると花色が濃くなり、ワインレッドに近くなる。多湿に弱いので水はけよく管理し、霜が当たらない場所で育てる。

カラジューム

科名 サトイモ科　別名 ニシキイモ　生育タイプ 非耐寒性球根
日照 日なた〜半日陰　草丈 30〜60cm

ハート形の大きな葉で、品種も数多く、赤や白のカラフルな斑が美しい。半日陰でも育つが、日光に当てたほうがしっかりと育ち、葉色も美しくなる。

キンギョソウ（ダンシングクイーン）

科名 オオバコ科　別名 ─　生育タイプ 多年草
日照 日なた〜半日陰　草丈 25〜30cm

斑入り葉が美しいキンギョソウ。季節によって葉色がピンクやブロンズに変化し、寒さにも強く、冬には葉色が濃くなる。濃いローズピンク色の花も楽しめる。秋から春は日なたで管理し、夏は風通しのよい半日陰で管理する。

キンギョソウ斑入り（フォレスト・マリアージュ）

科名 オオバコ科　別名 ─　生育タイプ 多年草（一年草扱い）
日照 日なた　草丈 30〜40cm

茎の先端の中心部がピンク色で、淡いグリーンの葉の縁に斑が入る。株は比較的コンパクト。夏の暑さにも比較的耐える。本来、常緑の多年草だが、マイナス2℃を下回ると枯れるため一年草扱いとされる場合もある。

キンギョソウ（ブロンズドラゴン）

科名 オオバコ科　別名 —　生育タイプ 多年草（一年草扱い）
日照 日なた　草丈 30〜40cm

茎葉の色はダークパープル。気温が高い時期は葉色の緑色が強くなり、気温が下がると銅葉となる。株は比較的コンパクト。夏の暑さにも比較的耐える。高温多湿に弱く、一年草扱いとされる場合もある。

キンギョソウ（ミニチェリーコーラ）

科名 オオバコ科　別名 —　生育タイプ 一年草
日照 日なた　草丈 20〜30cm

濃い銅葉がとてもシックで、真っ赤な花が印象的。株は比較的コンパクトで、茎が太く硬いため倒れにくい。日当たりと水はけのよい環境を好む。

コプロスマ（コーヒー）

科名 アカネ科　別名 —　生育タイプ 常緑低木
日照 日なた　草丈 15〜50cm

ガラスのような光沢のある赤茶色の葉が特徴。夏の気温が高い時期は緑色が強くなる。霜が降りないような地域では、戸外で冬越しできる。

コロキア・バリエガータ

科名 ミズキ科　別名 —　生育タイプ 常緑低木
日照 日なた　草丈 1〜2m

コロキアの斑入り品種。オリーブのような細長い葉に、ライムイエローの斑が入る。枝はコロキア独特の黒色。枝はくねくねと曲がりながら伸びる。

コロニラ・バレンティナ・バリエガータ

科名 マメ科　別名 エニシダ斑入り　生育タイプ 常緑低木
日照 日なた　草丈 50〜100cm

コロニラ・バレンティナの斑入り葉の園芸品種。春に黄色い花をつけ、斑入り葉との取り合わせが美しい。日なたを好むが、夏は半日陰で管理する。

サルビア・ファリナセア・サリーファン

科名 シソ科　別名 サルビア・サリーファン
生育タイプ 一年草
日照 日なた　草丈 30〜40cm

ボリュームのある株姿となり、花期も長く人気の品種。旺盛に生育し、とても丈夫で夏の暑さにも耐える。

スキミア（ホワイトグローブ）

科名 ミカン科　別名 スキミー
生育タイプ 常緑低木
日照 日なた〜半日陰
草丈 20 〜 40cm

ミヤマシキミの園芸品種で、濃い緑色の葉と球状に集まった淡い緑色の蕾が特徴。夏は葉焼けを防ぐため半日陰へ。

ストロビランテス

科名 キツネノマゴ科　別名 ―
生育タイプ 常緑低木　草丈 10 〜 150cm

葉はうっすら銀色にコーティングされたような光沢をもつ。やや赤みを帯びた紫色。日当たりを好むが、日陰にも耐える。寒さに弱い。

セネシオ（エンジェルウィングス）

科名 キク科　別名 ―
生育タイプ 多年草
日照 日なた　草丈 20 〜 50cm

平たく白いフェルトのような大きな葉で、存在感のあるシルバーリーフ。涼しく風通しのよい場所で管理し、夏越しできれば、通年美しさをキープできる。

セロシア（サンデーグリーン）

科名 ヒユ科　別名 ―
生育タイプ 一年草
日照 日なた　草丈 10 〜 30cm

花は爽やかな緑色。花穂はふさふさした円すい形をした、いわゆる「羽毛ゲイトウ」。夏の暑さにも強く、花が咲き続け、花もちもよい。

テマリシモツケ（リトルジョーカー）

科名 バラ科
別名 アメリカテマリシモツケ（リトルジョーカー）
生育タイプ 落葉低木
日照 日なた　草丈 60cm程度

深い色のブロンズリーフがシックな印象。枝が細かく分かれ、密な樹形となる。秋になるとさらに葉色が深まる。

銅葉イネ（オリザdeショコラ）

科名 イネ科　別名 ―
生育タイプ 非耐寒性多年草（一年草扱い）
日照 日なた　草丈 60cm程度

シックなブロンズ色の葉色は、強い日差しに当たるとより濃くなる。暑さに強く、手入れもあまり必要としないため、育てやすい。

ハボタン（ブラックサファイア）

科名 アブラナ科　別名 ―
生育タイプ 多年草（一年草扱い）
日照 日なた　草丈 10 〜 20cm

シルバーがかった黒い葉と、葉脈の紫色がエレガント。真冬になると中心部から色づく。寒さに強い。

バロータ

科名 シソ科　別名 ―
生育タイプ 多年草
日照 日なた　草丈 15 〜 50cm

フェルトのような、ふわふわとやわらかい質感のシルバーリーフ。高温多湿に弱く、寒さに強い。冬でも葉を落とさないので一年中観賞できる。

ヘーベ・バリエガータ

科名 ゴマノハグサ科　別名 ―
生育タイプ 常緑低木
日照 日なた〜半日陰
草丈 10 〜 30cm

明るい斑の入ったヘーベ。夏に半日陰か明るい日陰で管理。高温多湿を嫌うため、蒸れに注意して風通しよく。

ペニセタム（月見うさぎ）

科名 イネ科　**別名** ペニセツム
生育タイプ 多年草
日照 日なた　**草丈** 30〜130cm

夏から秋にやわらかな花穂を伸ばし、風にそよぐ姿がナチュラルな印象。暑さや乾燥に強く、高温多湿にも耐える。

ペニセタム（トリコロール）

科名 イネ科　**別名** ―　**生育タイプ** 多年草
日照 日なた　**草丈** 30〜40cm

やわらかな穂を秋の風に揺らす、ブロンズとグリーンの美しいグラス。寒さに弱いが、夏の暑さには強い。

メラレウカ（レッドジェム）

科名 フトモモ科　**別名** ―
生育タイプ 常緑低木
日照 日なた　**草丈** 2〜3m

細く繊細な葉で葉先が赤い。暑さには比較的強いが、冬の寒風には弱いため、寒冷地では室内で管理する。適度な湿り気を好む。

メラレウカ（レボリューションゴールド）

科名 フトモモ科　**別名** ―
生育タイプ 常緑中低木
日照 日なた　**草丈** 4〜5m（最大樹高）

葉は繊細で、新芽は黄緑色で、春から秋にかけて美しい黄金色になる。冬は軒下に置き、霜と寒風に当てないようにする。

ヤブコウジ斑入り

科名 ヤブコウジ科　**別名** ジュウリョウ（十両）　**生育タイプ** 常緑小低木
日照 半日陰〜日陰　**草丈** 10〜30cm

ヤブコウジの斑入り品種。もともと林床に生える植物のため、半日陰〜日陰で管理。強い日光に当たると葉焼けを起こすので注意する。

ユーフォルビア（アスコットレインボー）

科名 トウダイグサ科　**別名** ―
生育タイプ 多年草
日照 日なた　**草丈** 40〜60cm

葉は明るい緑色で、縁取るようにレモン色の斑が入り、後にクリーム色に変化。秋になると紅葉する。

ユーフォルビア（シルバースワン）

科名 トウダイグサ科　**別名** ―
生育タイプ 多年草
日照 日なた　**草丈** 40〜60cm

シルバーグレーの葉にクリーム色の斑が入る。花にも斑が入り、春の開花時期には株全体がマーブル模様に。

ユーフォルビア（ブラックバード）

科名 トウダイグサ科　**別名** ―
生育タイプ 多年草
日照 日なた　**草丈** 30〜40cm

葉は黒みを帯び、ビロードのような質感をもつ。茎があまり伸びず、株がコンパクトにまとまり草姿が乱れにくい。夏の高温期にも美しい葉色を保つ。

ルメックス（ブラッディドッグ）

科名 タデ科　**別名** ブラッディソレル、ブラッディドッグ、アカスジソレル
生育タイプ 多年草
日照 日なた　**草丈** 20〜30cm

緑色の葉に、赤紫色の葉脈のコントラストが美しい。水切れに注意しつつも、風通しのよい場所で管理する。

TYPE

茂る

縦横に伸び、葉が茂って
こんもりとした姿になるタイプです。
高さのある植物の根元など
中段から下段と
幅広く利用できます。

アルテミシア・ブルガリス

| 科名 キク科 | 別名 オウシュウヨモギ | 生育タイプ 多年草 |
| 日照 日なた | 草丈 10 〜 30cm |

ヨモギの斑入り品種。明るい色の斑が入るので、寄せ植えの彩りとしても活躍する。秋から初夏にかけての長い期間、斑入り状態を楽しめる。寒さにも強く、日当たり、風通しのよい場所を好み、育てやすい。

アルテルナンテラ（エンジェルレース）

| 科名 ヒユ科 | 別名 ― | 生育タイプ 多年草 （一年草扱い） |
| 日照 日なた | 草丈 10 〜 50cm |

透き通るような白い斑が美しいカラーリーフ。若葉は白く、生育すると斑が消え緑色になる。日照を好むが、強い日差しでは葉焼けをするので、夏には半日陰で管理する。本来は多年草だが、暖地以外では冬越しが難しいので一年草として扱う。

アルテルナンテラ（コタキナバル）

| 科名 ヒユ科 | 別名 ― | 生育タイプ 多年草 （一年草扱い） |
| 日照 日なた | 草丈 10 〜 40cm |

緑色の葉に鮮やかなワインレッドの斑が入る。日当たりと水はけのよい場所を好む。比較的暑さに強く、春から晩秋までは日当たりのよい戸外で管理できる。本来は多年草だが冬越しが難しく、一年草として扱う。

アルテルナンテラ（パープルプリンス）

| 科名 ヒユ科 | 別名 ― | 生育タイプ 多年草 （一年草扱い） |
| 日照 日なた | 草丈 10 〜 40cm |

葉表は黒みを帯びた濃い紫色で、葉裏は赤みの強い紫色。比較的コンパクトな株となる。高温多湿には強いが、乾燥には弱いので、夏の水やりに注意する。冬越しさせる場合は室内で管理する必要がある。

アルテルナンテラ（バリホワイト）

| 科名 ヒユ科 | 別名 ― | 生育タイプ 多年草 （一年草扱い） |
| 日照 日なた | 草丈 10 〜 100cm |

緑色の葉にきれいな白い斑が入る。気温が下がってくると白色の斑がピンク色に変化。日なたを好み、丈夫で育てやすい。暑さには比較的強い反面、寒さには弱く、戸外での冬越しはできない。

オレアリア（リトルスモーキー）

科名 キク科　**別名** オレアリア　**生育タイプ** 常緑低木
日照 日なた　**草丈** 25〜40cm

枝が細かく分かれて長く伸び、ブッシュ状の株となる。その枝に小さなシルバーの葉をつける。日なたを好むが、高温時の蒸れに弱く、夏越しが難しい。夏には涼しい半日陰で管理する。寒さには比較的強いが、霜には当たらないように注意。

カルーナ・ブルガリス

科名 ツツジ科　**別名** ヘザー　**生育タイプ** 常緑低木
日照 日なた〜半日陰　**草丈** 10〜30cm

エリカの近縁種で、冬に葉が赤や黄色に色づき美しい。日なたでよく育ち、水はけのよい酸性土を好む。寒さには強いが、高温多湿に弱く、夏には雨や西日を避け、半日陰で管理する。古くなると株元が枯れてくる。

クリソセファラム

科名 キク科　**別名** ─　**生育タイプ** 多年草
日照 日なた　**草丈** 30cm程度

シルバーリーフと、小さくて丸い黄色い花がかわいらしい印象をもたらす。花の色は徐々に濃くなる。耐暑性、耐寒性が強く、暖地であれば路地でも育つほど育てやすい。日当たりのよい場所で管理し、水切れには十分注意する。

コプロスマ（イブニンググロー）

科名 アカネ科　**別名** ─　**生育タイプ** 常緑低木
日照 日なた　**草丈** 20〜50cm

葉は小さく、ガラス質の光沢があるのが特徴。葉色は緑色で、クリーム〜イエロー、ピンク〜オレンジの斑が入り、カラフルな印象を与える。夏には葉がライム色になる。気温の下がる時期には葉は赤く紅葉する。

コリウス

科名 シソ科　**別名** ニシキジソ　**生育タイプ** 多年草（一年草扱い）
日照 日向〜半日陰　**草丈** 30〜70cm

葉の形や色は多様で、品種はタネから増やした小型の種子系と、挿し芽で増やした栄養系の2つに分けられる。日なたで育てるが、真夏の強い日差しでは葉色が褪せることがあるので、半日陰に移す。日本では一年草として扱う。

コリウス（グレートフォール アラマレ）

科名 シソ科　**別名** ─　**生育タイプ** 多年草（一年草扱い）
日照 日なた〜日陰　**草丈** 30cm程度

赤褐色の斑を囲むように緑の縁取りがある。日なたでも日陰でもよく育ち、強い日差しにも強い。コリウスは夏に花を咲かせ、花が咲くと葉色が悪くなるが、この品種は花があまり咲かないため、晩秋まで葉の美しさが保たれる。

シロタエギク

科名 キク科　**別名** ダスティーミラー
生育タイプ 耐寒性宿根草
日照 日なた　**草丈** 10〜30cm

代表的なシルバーリーフ。茎葉の銀葉は一年を通して楽しめる。日当たりと水はけのよい土を好む。

ストロビランテス(ブルネッティー)

科名 キツネノマゴ科
別名 ―
生育タイプ 常緑低木
日照 日なた　**草丈** 80〜150cm

新芽や気温が高い時期には緑色で、気温が下がると艶のあるパープルブラウンに変化する。

スピレア(ゼンスピリット・キャラメル)

科名 バラ科　**別名** シモツケ
生育タイプ 落葉低木
日照 日なた　**草丈** 30〜50cm

シモツケの園芸品種。株はこんもりとしたドーム状の樹形となる。新葉はオレンジ〜キャラメル色で、夏にはライム〜黄色になり、秋に紅葉し、冬に落葉する。

セロシア(ケロスファイア)

科名 ヒユ科　**別名** ケイトウ(ケロスファイア)
生育タイプ 一年草
日照 日なた　**草丈** 25〜40cm

葉はビロードのような質感があり、爽やかなグリーン。強健で育てやすく、短期間でボリュームのある株になる。

セロシア(スマートルック)

科名 ヒユ科　**別名** ケイトウ(スマートルック)
生育タイプ 一年草
日照 日なた　**草丈** 30〜50cm

葉は緑に赤をかぶせたような銅葉系。日当たりと水はけのよい環境を好み、耐暑性が強い。丈夫で育てやすいのも魅力。

タイム(スパークリングタイム)

科名 シソ科　**別名** ―
生育タイプ 多年草
日照 日なた　**草丈** 5〜10cm

葉は細かく、緑の葉を白い斑が縁取る。枝葉が密に茂る。高温多湿で蒸れると枯れ込みやすいので、梅雨時期には枝葉を刈り込んで風通しを図る。

斑入りタリナム・カリシナム

科名 スベリヒユ科　**別名** クサハナビ、三時花(サンジカ)　**生育タイプ** 多年草
日照 日なた　**草丈** 10cm程度

タリナム・カリシナムの斑入り品種。多肉植物で、日のよく当たる、乾燥気味の環境を好む。多湿に弱いので風通しよく管理する。

チェッカーベリー
(ビッグベリーホワイト)

科名 ツツジ科　**別名** メコウジ
生育タイプ 常緑低木
日照 日なた　**草丈** 10〜20cm

白色で大きく丸い実が、ほんのりとピンク色に染まる。冷涼でやや湿度のある環境を好み、高温多湿を嫌う。

トウテイラン

科名 ゴマノハグサ科
別名 ベロニカ(オルナタ)　**生育タイプ** 多年草
日照 日なた〜半日陰　**草丈** 30〜50cm

銀色がかった葉茎が美しく、爽やかなブルーの花も魅力的。株はこんもりと成長する。耐暑性、耐寒性に強く、丈夫で育てやすい。

ナツメグゼラニウム・バリエガータ

科名 フウロソウ科　別名 ―
生育タイプ 半耐寒性多年草
日照 日なた　草丈 30cm程度

ナツメグゼラニウムの斑入り品種のひとつ。小さな葉に不規則に斑が入る。高温多湿を嫌うため、夏はやや乾燥気味に管理する。

ヘリオプシス（サンバースト）

科名 キク科　別名 ヒメヒマワリ
生育タイプ 耐寒性宿根草（多年草）
日照 日なた～半日陰　草丈 70～80cm

淡色の葉は、葉脈に沿って緑色の網目模様となる。夏～秋に咲く鮮やかな黄色の花は、小さなヒマワリのよう。日当たりを好むが、半日陰でも育つ。

ムラサキシキブ（シジムラサキ）

科名 クマツヅラ科　別名 タマムラサキ
生育タイプ 落葉低木
日照 半日陰　草丈 80～150cm

ムラサキシキブの斑入り種で、明るい緑色の葉に白い斑が不規則に入り、ときに紫色や紅色を帯びる。せん定も自在で、大きさや形を好みにできる。

ユーフォルビア（ダイアモンドフロスト）

科名 トウダイグサ科　別名 ―
生育タイプ 非耐寒性低木（一年草扱い）
日照 日なた　草丈 30～40cm

夏の暑さに強く、春から秋にかけて小さな花を次々と咲かせる。白い花のように見える部分は苞（ほう）。

ラベンダー（プリンセスゴースト）

科名 シソ科　別名 ―
生育タイプ 常緑小低木
日照 日なた～半日陰　草丈 30～40cm

フレンチラベンダーの一品種で、ホワイトシルバーのリーフと、「ラビットイヤー」と呼ばれる薄いピンク色の苞（ほう）をつけた花がキュートな印象。

ラベンダー（メルロー）

科名 シソ科　別名 ラベンダー（アラルディメルロー）
生育タイプ 常緑小低木
日照 日なた　草丈 30～40cm

灰緑色の葉が薄黄色の斑に縁取られる。葉の縁は粗く切れ込みが入り、ユニークな印象を与える。葉は香りがよい。高温多湿にも比較的耐える。

ロータス（コットンキャンディ）

科名 マメ科　別名 ―
生育タイプ 多年草
日照 日なた～半日陰　草丈 30～40cm

細く透明感のある銀葉をつけた枝を長く伸ばし、ふんわりと茂る。水はけと風通しのよい場所を好む。草姿が乱れてきたら適宜切り戻す。

ロータス（ブリムストーン）

科名 マメ科　別名 ―
生育タイプ 多年草
日照 日なた　草丈 40～60cm

綿毛に包まれた葉は先端がクリーム色で、明るい印象をもたらす。乾燥にも耐え、冬でも葉を落とさず、広がるように育つ。

ロフォミルタス（マジックドラゴン）

科名 フトモモ科　別名 ―
生育タイプ 半耐寒性低木
日照 日なた　草丈 150cm前後

ロフォミルタスの斑入り品種。ピンクやクリーム色の斑が入る。冬になると葉色は一層濃く、斑はより色鮮やかになる。せん定で形はいかようにもできる。

TYPE

広がる

枝が垂れ下がらず、
成長すると横へと広がるタイプ。
鉢や庭の縁取り、
広い面積をカバーするなど
さまざまな用途に使えます。

アステリア（ウェストランド）

| 科名 リュウゼツラン科 | 別名 ― | 生育タイプ 多年草 |
| 日照 日なた〜半日陰 | 草丈 50cm程度 |

ダークグリーンの葉に、淡くブラウンを帯びたメタリックな
すじがまばらに混じる。季節や光の具合、角度によって色
味が変わるのが特徴的。暑さに強いが、夏は半日陰に。日
なたを好み、やや乾き気味に管理する。

アルテルナンテラ（レッドフラッシュ）

| 科名 ヒユ科 | 別名 アカバセンニチコウ | 生育タイプ 多年草 |
| （一年草扱い） | 日照 日なた | 草丈 20〜50cm |

ダークグリーン、ワインレッドが混じるシックな葉色が魅力。
初夏から植えると、夏場の色と秋になってからの葉の色に
変化が見られる。日によく当てると葉色がよくなる。本来
は多年草だが、日本では冬越しできないので一年草扱い。

イレシネ（ピンクファイヤー）

| 科名 ヒユ科 | 別名 ― | 生育タイプ 多年草 |
| 日照 日なた | 草丈 20〜30cm |

コクのある緑色の葉に、鮮やかなピンク色の不規則な斑
が入る。鮮烈なピンク色は、差し色として使うのにも最適。
日に当てないと葉色がきれいに発色しないので、日なた
で育てる。寒さには弱いため、冬は室内で管理する。

ウエストリンギア

| 科名 シソ科 | 別名 オーストラリアンローズマリー |
| 生育タイプ 常緑低木 | 日照 日なた | 草丈 100〜150cm |

葉はやや淡い緑色で、かわいらしい薄紫色や白の小花を
咲かせる。葉や花はローズマリーに似ているが、芳香は
ない。日当たり、風通しのよい場所を好む。寒冷地の冬は、
室内の日当たりのよい場所で5℃以上を保って管理する。

ウエストリンギア（スモーキーホワイト）

| 科名 シソ科 | 別名 ― | 生育タイプ 常緑低木 |
| 日照 日なた | 草丈 60〜120cm |

ウエストリンギアの白斑入り品種。白い斑が入っているた
め、株全体が明るい印象。暑さには強いが、寒さには若干
弱いので、寒冷地では室内で管理する。

ウンシニア(ファイヤーダンス)

科名 カヤツリグサ科　別名 ―
生育タイプ 多年草
日照 日なた　草丈 20cm程度

葉は落ち着いた色合いの光沢のある紅銅色。耐暑性、耐寒性に優れており、庭植えに最適。生育はゆっくりで、葉姿はコンパクトであまり乱れない。

エリカ・ダーレンシス

科名 ツツジ科　別名 ―
生育タイプ 常緑低木
日照 日なた～半日陰　草丈 30～60cm

カルネア種とエリゲナ種の自然交雑種。茂ったときの樹形はこんもりとドーム状に盛り上がるブッシュ状。葉色は緑色、黄色、銅色だが、寒くなると紅葉する。

エレモフィラ・ニベア

科名 ゴマノハグサ科　別名 ―
生育タイプ 常緑低木
日照 日なた　草丈 50～100cm

枝葉は銀白色の毛が密集し、株全体が銀色に見えるのが特徴。初夏に透明感のある淡い紫色の花を咲かせる。長雨に当たると白い毛が黒ずむので雨を避ける。

カレックス

科名 カヤツリグサ科　別名 スゲ
生育タイプ 多年草
日照 日なた～半日陰　草丈 20～50cm

細い葉を株元から多数広げ、ボリュームのある草姿に。葉色には、白や黄色の縞状の斑入りや、黄金葉、銅葉など、多くの種・品種がある。

カロケファルス(プラチーナ)

科名 キク科　別名 シルバーブッシュ
生育タイプ 常緑小低木
日照 日なた　草丈:60～90cm

細かな銀色の枝が密集した独特な姿。乾燥に強く、過湿に弱いので、風通しよく管理する。霜や寒風を避けた日なたであれば戸外で冬越しできる。

クリスマスローズ

科名 キンポウゲ科　別名 レンテンローズ
生育タイプ 多年草
日照 半日陰　草丈 20～30cm

原種を交雑させて花色、斑入り葉など数多くの品種がつくられている。立ち上がって葉を展開させる有茎種と、花茎が根茎から直接出る無茎種に分けられる。

クリスマスローズ・ステルニー
(ピンクダイヤモンド)

科名 キンポウゲ科　別名 ―
生育タイプ 多年草
日照 半日陰　草丈 20～30cm

リビタスとアーグティフォリウスの交配種「ステルニー」の斑入り品種。葉は、ピンク色や白色の斑が散在して入る。

観賞用ケール(ファントム)

科名 アブラナ科　別名 ―
生育タイプ 一年草
日照 日なた　草丈 10～30cm

グリーン系とブラック系があり、どちらもシルバーがかったシックな風合い。寒さに強く、冬でも屋外で管理できる。

コゴメウツギ斑入り

科名 バラ科　別名 ―
生育タイプ 落葉低木
日照 日なた～半日陰　草丈 100～250cm

全国各地に自生するコゴメウツギの斑入り種。春の新葉は明るい斑が入り、夏には美しいライムグリーンとなる。晩秋には赤く紅葉し、その後落葉する。

黒竜（こくりゅう）

科名 クサスギカズラ科 　別名 ―
生育タイプ 多年草
日照 半日陰 　草丈 20 〜30cm

オオバジャノヒゲの園芸品種。寒さに強く、冬でも葉を落とすことはない。水はけのよい土を好む。夏の強い日差しは避けたほうがよい。

コルジリネ
（エレクトリック・フラッシュ）

科名 リュウゼツラン科 　別名 ニオイシュロラン 　生育タイプ 半耐寒性多年草
日照 日なた〜日陰 　草丈 40 〜200cm

葉にストライプ模様が入り、スタイリッシュな印象。葉の密度が高く、乱れにくくコンパクトな株となる。

セイヨウニンジンボク・プルプレア

科名 クマツヅラ科 　別名 ミツバハマゴウ
生育タイプ 低木
日照 日なた 　草丈 120 〜300cm

葉表は緑〜茶色、葉裏は紫色なのが特徴的。寒さが増すと、この紫色が濃くなる。晩夏から秋に紫色の小花を咲かせる。日当たりを好み、乾燥を嫌う。

ソラナム斑入り（スノーサンゴ）

科名 ナス科 　別名 フユサンゴ（スノーサンゴ）
生育タイプ 常緑低木 　日照 日なた〜半日陰 　草丈 10 〜150cm

フユサンゴの斑入り品種。葉に白い斑が入る。丸くオレンジ色の実も美しい。寒さに弱く戸外では冬越しできない。室内で管理すれば一年中観賞できる。

チゴユリ（チャイニーズ
フェアリーベルズ・ムーンライト）

科名 イヌサルラン科 　別名 ―
生育タイプ 多年草
日照 日なた〜半日陰 　草丈 40 〜60cm

ウェーブした葉に沿って斑が入り、ボリュームのある草姿となる。寒さにも比較的強く、半日陰でもよく育つ。

観賞用トウガラシ

科名 ナス科 　別名 ―
生育タイプ 一年草
日照 日なた 　草丈 30 〜40cm

観賞用のトウガラシ。紫色や斑入り葉があり、カラフルな実の形や色の違いが楽しめる。日当たりと水はけのよい土を好む。

観賞用トウガラシ
（パープルフラッシュ）

科名 ナス科 　別名 ― 　生育タイプ 一年草
日照 日なた 　草丈 20 〜40cm

紫、黒、白の斑が入る品種。花や実も楽しめる。実は濃い紫色。乾燥と過湿に弱いので、高温乾燥期は、風通しのよい場所で、水を切らさないように管理する。

観賞用トウガラシ（パープルレイン）

科名 ナス科 　別名 ― 　生育タイプ 一年草
日照 日なた 　草丈 40cm

クリーム色と淡い紫色の葉色がシックな印象。濃い紫色の実も美しい。枝はよく分枝し、大きく茂った草姿となる。過湿は嫌うが、乾燥にも弱いので注意する。

観賞用トウガラシ（ヒットパレード）

科名 ナス科 　別名 ―
生育タイプ 一年草
日照 日なた 　草丈 15 〜50cm

小さな円すい形をした実が上向きにつき、紫、オレンジ、赤と順に色を変える姿はにぎやか。過湿と乾燥に弱いので、水の管理に注意する。

観賞用トウガラシ（ブラックパール）

科名 ナス科　別名 ―　生育タイプ 一年草
日照 日なた　草丈 30～40cm

その名の通り黒い真珠のような丸い実をつける。実は熟すと赤くなる。葉は黒に近い濃い紫色。過湿は嫌うが乾燥にも弱いため、夏の暑い時期の水切れに注意。

白竜（はくりゅう）

科名 クサスギカズラ科　別名 ―
生育タイプ 多年草
日照 半日陰　草丈 20～40cm

オオバジャノヒゲの斑入り品種。緑色の細長い葉にはっきりとした白色の斑が入る。寒さにも暑さにも強く、丈夫で手間がかからず管理しやすい。

ハボタン

科名 アブラナ科　別名 ―
生育タイプ 一年草
日照 日なた　草丈 10～40cm

丸葉系、ちりめん系、切れ葉系などの葉姿や、さまざまな色や大きさの品種がある。温暖地では、霜や寒風を避ければ戸外で冬越しできる。

ハボタン（フレアホワイト）

科名 アブラナ科　別名 ―
生育タイプ 一年草
日照 日なた　草丈 15～40cm

茎が長く伸び、葉はやや波打つようになる。日当たりと風通しを好み、比較的育てやすい。もともと食用のものを観賞用に改良したため、虫害も少なくない。

ハボタン（光子ロイヤル）（みつこ）

科名 アブラナ科　別名 ―
生育タイプ 一年草
日照 日なた　草丈 15～40cm

丸葉系のハボタンで、フリルのある葉には美しい光沢がある。耐寒性はあるが、強い霜に当たると葉が傷むので、寒冷地では霜や寒風に注意する。

ヒューケラ

科名 ユキノシタ科　別名 ツボサンゴ
生育タイプ 多年草
日照 日なた～半日陰　草丈 30～80cm

たくさんの葉色の品種があり、寄せ植えに重宝する。暑さと蒸れに弱く、強い日差しを嫌うため、夏は半日陰になる場所で育てる。

ヒューケラ（キャラメル）

科名 ユキノシタ科　別名 ―
生育タイプ 多年草
日照 日なた～半日陰　草丈 40～60cm

葉色は春にオレンジ、夏にはアプリコットイエロー、秋にはブロンズオレンジ色になり、冬にはブロンズに紅葉する。芽吹きは赤みが強い。丈夫で生育が早い。

ヒューケラ（シナバーシルバー）

科名 ユキノシタ科　別名 ―
生育タイプ 多年草
日照 半日陰　草丈 20～40cm

葉色は、春から夏にかけては美しいシルバー、秋になると黒味が強くなり、冬には黒味がかったブロンズ色と季節によって変化に富む。乾燥にやや弱い。

ヒューケラ（ドルチェ・ブラックジェイド）

科名 ユキノシタ科　別名 ―
生育タイプ 多年草
日照 日なた～半日陰　草丈 20～40cm

葉色の変化を楽しめる。一般的なヒューケラは半日陰や寒冷な環境を好むが、この品種は、直射日光や夏の暑さにも強い。

ヒューケラ(ハリウッド)

科名 ユキノシタ科　別名 ―
生育タイプ 多年草
日照 半日陰　草丈 20 ～ 40cm

春はブロンズ、夏から秋はブロンズにシルバーの斑が重なり、冬は黒っぽいブロンズと、葉色が変化。強く乾燥させると本来の葉色が出なくなるので注意。

ヒューケラ(ファイヤーアラーム)

科名 ユキノシタ科　別名 ―
生育タイプ 多年草
日照 半日陰　草丈 15 ～ 30cm

新葉は鮮やかな赤で、少しずつオレンジ色を帯びるようになる。とくに春の新葉は赤色が冴える。乾燥を嫌い、極端に乾燥させると本来の葉色が出ない。

ヒューケラ(ミッドナイトラッフルズ)

科名 ユキノシタ科　別名 ―
生育タイプ 多年草
日照 半日陰　草丈 30 ～ 40cm

黒葉系の大型品種。葉は細かく波打ちフリル状。チョコレート色の葉は寒い時期ほど色が深まり、よりシックに。丈夫で育てやすい。

ヒューケラ(ライムラッフルズ)

科名 ユキノシタ科　別名 ―
生育タイプ 多年草
日照 半日陰　草丈 30 ～ 60cm

明るいライムグリーンの葉はフリル状に波打つ。丈夫で育てやすいが、暑さと蒸れには弱いので、風通しのよい半日陰で管理する。

フィットニア

科名 キツネノマゴ科　別名 アミメグサ
生育タイプ 多年草
日照 半日陰　草丈 10 ～ 20cm

葉は白色や赤色などの斑が葉脈に沿い、網目のような模様となる。明るい環境を好むが、直射日光に当たると葉焼けしやすいので、半日陰の場所で管理する。

フクシア(ミスティックカラーズ)

科名 アカバナ科　別名 ―
生育タイプ 低木　日照 日なた～半日陰
草丈 25 ～ 250cm

葉は赤みがかったブロンズ色のシックな斑入り。夏になるとライムグリーンの斑入りに変化する。ナチュラルでアンティークな雰囲気が魅力的。

ヘリクリサム(シルバースター)

科名 キク科　別名 ―
生育タイプ 多年草
日照 日なた～半日陰　草丈 10 ～ 20cm

細い茎がはうように伸びて広がる。過湿を嫌うため、やや乾燥気味に管理。枝が混み合ってきたら枝を切り戻したり、間引きなどして、蒸れを防ぐ。

ヘリクリサム・ペティオラレ(シルバー)

科名 キク科　別名 ―
生育タイプ 多年草または常緑低木
日照 日なた　草丈 10cm程度

葉や茎に白い毛が密につき、やわらかな印象のシルバーリーフ。乾燥気味を好み、高温多湿を嫌うので風通しよく管理する。寒冷地の冬は室内での管理が無難。

ヘリクリサム(ホワイトフェリー)

科名 キク科　別名 ―
生育タイプ 多年草または常緑低木
日照 日なた　草丈 10 ～ 20cm

葉に産毛のようなやわらかい毛が生えているのが特徴。初夏には白い花を咲かせる。どんな植物にも合わせやすいので、寄せ植えのときに重宝する。

ユーフォルビア（ブレスレスブラッシュ）

科名 トウダイグサ科　別名 ―
生育タイプ 多年草
日照 日なた　草丈 25 〜 35cm

繊細なイメージの葉姿に似合わず生育
旺盛。暑さと乾燥に強く、日当たりを好
む。葉にはブロンズの斑が入る。春か
ら晩秋にピンク色の小さな花をつける。

ランタナ斑入り

科名 クマツヅラ科　別名 シチヘンゲ
生育タイプ 常緑低木
日照 日なた　草丈 20 〜 150cm

樹形は、低木状になるもの、コンパクト
なブッシュ状になるもの、はうものなどが
ある。水はけのよい日の当たる場所を好
む。寒冷地の冬は室内で管理する。

レックスベゴニア

科名 シュウカイドウ科
別名 根茎性ベゴニア　生育タイプ 多年草
日照 半日陰〜明るい日陰
草丈 20 〜 40cm

葉の形や葉色は変化に富む。保水性の
ある土を好むが、過湿になると根腐れ
を起こしやすい。

レックスベゴニア（ダークマンボ）

科名 シュウカイドウ科　別名 ―
生育タイプ 多年草
日照 明るい日陰　草丈 30 〜 50cm

葉表はベルベット状で黒みの強い緑色、
葉裏は深みのある紅色をしている。明
るい日陰の風通しのよい場所を好むが、
日当たりが足りないと葉色が悪くなる。

レックスベゴニア（ピンクスパイダー）

科名 シュウカイドウ科
別名 ―　生育タイプ 多年草
日照 半日陰　草丈 30 〜 80cm

シルバーがかった葉に、裏葉のえんじ
色が透けて葉色がピンク色に見えるの
が特徴。春から初夏には花芽を伸ばし
薄ピンク色の小花を咲かせる。

レックスベゴニア（ワイルドファイヤー）

科名 シュウカイドウ科
別名 ―　生育タイプ 多年草
日照 半日陰〜日陰　草丈 30 〜 50cm

ブラウンがかった緑葉に白い大小の
斑点模様、赤みを帯びた葉脈が特徴。
直射日光を嫌うため、一年を通して明
るい日陰で育てるとよい。

レッドロメイン

科名 キク科　別名 ―　生育タイプ 一年草
日照 日なた　草丈 25 〜 30cm

葉が球状にならないレタスの仲間。葉
はブロンズ色で、つけ根付近は緑色。
野菜苗として入手可能。葉がやわらか
いので植えつけの際、折れないように
注意。

ロータス・クレティクス

科名 マメ科　別名 ロータス・クレチカス
生育タイプ 多年草
日照 日なた　草丈 10 〜 15cm

細かな銀葉と鮮やかな黄色の花の取
り合わせが美しい。よく分枝し、ふわ
りと広がるように株が大きくなる。とて
も丈夫で乾燥にも強い。

ロニセラ・ニティダ
（ホワイトマジック）

科名 スイカズラ科　別名 ―
生育タイプ 耐寒性低木
日照 日なた〜半日陰　草丈 20〜100cm

葉に鮮やかな斑が入るのが特徴。耐陰
性があるため、半日陰の場所でも育つ。
暖地では常緑で越冬するが、寒冷地で
は落葉することがある。

TYPE
はう・垂れる

はうように横に広がるタイプ、
垂れ下がるタイプです。
ハンギングや庭の
グラウンドカバーなど
鉢や地面を覆うのに適しています。

アケビ斑入り

科名 アケビ科　**別名** ―　**生育タイプ** つる性低木
日照 日なた　**草丈** 10m以上

ゴヨウアケビの斑入り種。丸い葉は、野生のアケビよりも
小さく、スプラッシュ状の斑が入るのが特徴。丈夫で育て
やすく、つるも伸びすぎない。夏の強い日差しは葉焼けを
起こす場合があるため、遮光して育てたほうがきれいな
葉色を保てる。

アジュガ

科名 シソ科　**別名** セイヨウキランソウ　**生育タイプ** 多年草
日照 半日陰　**草丈** 10〜20cm

常緑で、斑入り葉、銅葉など一年中観賞できるカラーリー
フで、ほふくする茎でマット状に広がる。春から初夏にピ
ンク色や青色の花を咲かせる。強い日差しを嫌い、半日
陰でよく育つ。蒸れないよう、風通しよく管理する。

アジュガ（バーガンディーグロー）

科名 シソ科　**別名** アジュガ・レプタンス（バーガンディーグロー）
生育タイプ 多年草　**日照** 半日陰　**草丈** 10〜20cm

斑入りのアジュガ。紫、ピンク、白の斑が入る。葉色は夏
にはシルバー、秋にピンクに変化する。春から初夏に青
紫色の花をつけ、葉色との色の取り合わせが美しい。伸
びすぎたら花後に短く切り戻す。

アメリカヅタ斑入り

科名 ブドウ科　**別名** バージニアヅタ　**生育タイプ** つる性低木
日照 日なた　**草丈** 80cm以上（つるの長さ）

葉は、クリーム色の斑が入り、やや垂れ下がるように開き、
秋には美しく紅葉する。芽は暗紫色で、緑色に変化する。
気根を出して建物の外壁や木の幹などに付着するように
登る。暑さ、寒さに強く、育てやすい。

アルテルナンテラ（マーキュリー）

科名 ヒユ科　**別名** ―　**生育タイプ** 多年草
日照 日なた〜半日陰　**草丈** 10〜20cm

葉にマーブル模様の斑が入り、葉脈は赤みを帯びる。常
緑性だが、冬には枯れる。日なたを好み、暑さには強いが、
寒さに弱いため、室内で冬越しさせる。グラウンドカバー
や寄せ植えのアクセントとしても使える。

アルテルナンテラ（マーブルクイーン）

科名 ヒユ科　**別名** ―　**生育タイプ** 多年草（一年草扱い）
日照 日なた～半日陰　**草丈** 10 ～ 20cm

ややはうように広がる。緑とピンク色が入り混じったカラフルな葉が特徴的。葉色はシックなワイン色の場合もある。寒さに弱いため、冬越しさせる場合は室内で管理する。本来は多年草だが、日本では冬越しできないので一年草扱い。

アルテルナンテラ・ポリゴノイデス

科名 ヒユ科　**別名** アカバホソバセンニチコウ
生育タイプ 多年草
日照 日なた～明るい日陰　**草丈** 10 ～ 20cm

枝分かれした細い茎がはうように広がる。葉は細長く、シックな濃い赤紫色。淡いピンク色の小花が咲く。明るい日陰でも育ち、生育旺盛だが耐寒性がなく、冬に枯れる。乾燥気味に管理するとよい。こぼれダネで増える。

グレコマ・バリエガータ

科名 シソ科　**別名** カキドオシ斑入り、グランドアイビー
生育タイプ 多年草　**日照** 日なた～半日陰　**草丈** 5 ～ 10cm

グレコマの斑入り品種。明るい緑色の葉に、クリームホワイトの斑が入る。やや湿った土を好むものの、強健で、暑さ、寒さ、乾燥にも強く育てやすい。広がりを抑えたい場合は切り戻すとよい。さし芽で増やすことができる。

グレコマ・バリエガータ（レッドステム）

科名 シソ科　**別名** ―　**生育タイプ** 多年草
日照 日なた～半日陰　**草丈** 10 ～ 20cm

斑入りのグレコマで、葉や茎が赤みがかったタイプ。はうようにつるを伸ばす。明るい葉色は、明度を高めたいときにも最適。強健で、寒さや暑さ、乾燥にも強い。半日陰でもよく育つ。株が乱れてきたら適宜せん定するとよい。

クローバー（ティント ワイン）

科名 マメ科　**別名** 四つ葉のクローバー
生育タイプ 多年草　**日照** 日なた　**草丈** 10 ～ 15cm

色鮮やかなティントシリーズの園芸品種。ピンク色の花を咲かせる。生育が旺盛で、はうように広がって茂る。寄せ植え、地植え、グラウンドカバーなど、マルチに使えるのもポイント。日当たりがよい環境なら、年中葉色をきれいに保てる。

クローバー（プリンセス クローバー）

科名 マメ科　**別名** ―　**生育タイプ** 多年草
日照 日なた　**草丈** 5 ～ 10cm

プリンセスシリーズの一品種。花の色、葉の色、模様の違う多くの品種がある。茎ははうように広がる。強健で暑さや寒さにも強いが、蒸れには弱い。寄せ植えにはもちろん、グラウンドカバーにも適している。長い期間観賞できるのも魅力。

コプロスマ・キルキー

科名 アカネ科　**別名** コプロスマ・カーキー
生育タイプ 低木
日照 日なた　**草丈** 10〜20cm

硬質で光沢のある小さな葉に、白い斑が入る。生育はゆるやかだが、はうように広がる。比較的寒さに強く、暖地では庭植えもできる。

ジャスミン（フィオナサンライズ）

科名 モクセイ科　**別名** ―
生育タイプ つる性低木　**日照** 日なた
草丈 80cm〜5m（つるの長さ）

茎はつる状に伸び、葉は黄色で、夏に緑色に変わり、秋には紅葉する。甘い香りのある花が長期間咲く。耐寒性があり、一年中葉を楽しめる。

ダイコンドラ（シルバーフォール）

科名 ヒルガオ科　**別名** ディコンドラ・シルバーフォール　**生育タイプ** 多年草
日照 日なた　**草丈** 5〜10cm

つる状に広がる茎に輝くような銀色の葉が密につく。蒸れると葉が黒くなるので乾燥気味に管理する。冬には葉が傷むが枯れることはない。

タイム（ゴールデンレモンタイム）

科名 シソ科　**別名** ―
生育タイプ 多年草
日照 日なた　**草丈** 20cm程度

レモンタイム（コモンタイムとラージタイムの交配種）の園芸品種のひとつ。明るい黄緑色の葉は、秋に濃い黄色に変化。生育旺盛でよく広がる。

タイム（フォックスリー）

科名 シソ科　**別名** ―
生育タイプ 多年草
日照 日なた　**草丈** 10〜20cm

株がはうように横に広がるタイプのタイム。葉にはクリーム色の斑が入る。斑は冬に気温が下がると、赤味を帯びてくる。夏に紫色の花を咲かせる。

テイカカズラ（黄金錦）

科名 キョウチクトウ科
別名 オウゴンテイカカズラ
生育タイプ つる性低木
日照 日なた〜半日陰　**草丈** 30〜60cm

濃い緑色に幅広い黄色の斑が入り、新葉はオレンジ色で初夏には3色に。ふわりとはうように株を広げる。

トラディスカンチア（ラベンダー）

科名 ツユクサ科　**別名** トラディスカンティア　**生育タイプ** 多年草
日照 日なた　**草丈** 10〜15cm

葉はグリーンとラベンダー色のストライプでおしゃれ。茎が長く伸びるため、垂れ下がるラインを生かすと優美な姿に。グラウンドカバーにも最適。

トレニア斑入り（スイートマジック）

科名 セリ科　**別名** ―　**生育タイプ** 非耐寒性多年草　**日照** 日なた〜明るい日陰
草丈 15〜20cm

葉の縁は紫色を帯び、白い斑が入るのが特徴。春から晩秋に次々に紫色の花を咲かせ、長期間楽しめる。高温多湿に強いが、寒さに弱い。

ノブドウ斑入り

科名 ブドウ科　**別名** ―
生育タイプ つる性低木　**日照** 日なた〜やや半日陰　**草丈** 3〜4m前後（つるの長さ）

葉にはクリームホワイトの斑が入り、赤みを帯びた茎とのコントラストが美しい。葉、花の色の変化、カラフルな実も楽しめる。冬に葉が落ちる。

ノブドウ・オーレア

科名 ブドウ科　別名 ─
生育タイプ つる性低木　日照 日なた〜
半日陰　草丈 3〜4m（つるの長さ）

鮮やかな黄色い葉と赤い葉柄が美しい
ノブドウの黄金葉品種。気温が上がる
地域では夏に葉がライム色になる。秋に
カラフルな実がつき、冬に葉を落とす。

バーベナ・テネラ・オーレア

科名 クマツヅラ科　別名 宿根バーベナ・
テネラ　生育タイプ 多年草
日照 日なた　草丈 15〜40cm

ライムグリーンの繊細な葉が特徴。春
から秋に白い小花を咲かせる。日当た
り、水はけのよい場所を好む。花後に
花穂を切り戻すと花を長く楽しめる。

バコパ斑入り

科名 ゴマノハグサ科　別名 ステラ、
スーテラ　生育タイプ 多年草
日照 日なた　草丈 5〜10cm

斑入り葉の品種。大輪の花を咲かせる
ものなど品種が多くある。日なたを好
み、高温多湿に弱く、水はけのよい土
を好む。乾燥気味に管理する。

ハゴロモジャスミン（ミルキーウェイ）

科名 モクセイ科
別名 ハゴロモジャスミン斑入り
生育タイプ つる性低木
日照 日なた　草丈 2m程度（つるの長さ）

茎をつる状に伸ばし、葉には斑が入る。
春に香りのよい白い花を咲かせる。冬
は乾かし気味に管理。

ハツユキカズラ

科名 キョウチクトウ科
別名 テイカカズラ（ハツユキカズラ）
生育タイプ つる性低木
日照 半日陰　草丈 10〜20cm

テイカカズラの園芸品種。葉は小さく、
新葉にピンクと白の不規則な斑が入
る。成長すると緑色になる。

ヒメツルニチニチソウ・バリエガータ

科名 キョウチクトウ科　別名 ─
生育タイプ 多年草
日照 日なた〜半日陰　草丈 15〜30cm

株元から茎が多数伸び、つる状にほ
ふくする。春から夏に紫色の花を咲か
せる。丈夫で半日陰でもよく育ち、暖
地なら冬も葉は枯れない。

ピレア・グラウカ（グレイシー）

科名 イラクサ科　別名 ─
生育タイプ 多年草
日照 日なた〜半日陰　草丈 10〜20cm

ピレア・グラウカの品種のひとつ。葉は
小さく緑色で、シルバーグレーの斑が入
る。茎は赤いつる状でよく茂る。強い日
差しでは葉が焼ける。

ヘミグラフィス（アルテルナータ）

科名 キツネノマゴ科　別名 レッド・アイビー
生育タイプ 多年草
日照 日なた　草丈 5〜15cm

乾燥に強く、はうように広がる。葉は
卵形で表が銀灰緑色、裏は暗赤紫色。
暑さに強いが、寒さにはあまり強くな
い。日当たりが悪いと葉色が薄くなる。

ヘミグラフィス（レパンダ）

科名 キツネノマゴ科　別名 ヘミグラムス
（レパンダ）　生育タイプ 多年草
日照 日なた　草丈 50〜70cm

葉は細長い披針形で縁に緩い鋸歯が
ある。葉表は赤みを帯びた暗灰緑色、
裏は灰赤紫色でシックな色味。茎は
はって広がるように伸びる。

ポリゴナム

科名 タデ科　別名 ヒメツルソバ
生育タイプ 多年草
日照 日なた　草丈 5cm程度

はうようにつるが伸び、接地した節から根を出してカーペット状に広がる。日当たりと水はけのよい土を好む。冬には地上部が枯れる。

ミッチェラ・レペンス

科名 アカネ科　別名 ツルアリドオシ
生育タイプ 多年草
日照 半日陰〜日陰　草丈 5cm程度

茎はつる状で、枝分かれしながら地面をはうように広がって育つ。小さい葉は、やや厚く硬い。枝先に球形の赤い実をつける。

リシマキア・オーレア

科名 サクラソウ科　別名 リシマキア・ヌンムラリア（オーレア）
生育タイプ 多年草
日照 半日陰　草丈 2〜10cm

ほふく性。リシマキア・ヌンムラリアの黄金葉の品種。夏に蒸れると枯れやすいので、風通しよく管理する。

リシマキア（シューティングスター）

科名 サクラソウ科　別名 ―
生育タイプ 多年草
日照 日なた〜半日陰　草丈 3〜5cm

落ち着いた銅葉に、ピンク色の斑が入る。水はけのよい土を好み、過湿を嫌う。初夏に黄色い星形の花が咲く。

リシマキア（リッシー）

科名 サクラソウ科　別名 ―
生育タイプ 多年草
日照 半日陰　草丈 8〜15cm

黄金色の葉に緑色の斑が不規則に入り、茎ははうように広がる。環境や季節によって葉色や斑の色が変化し、秋冬には紅葉する。

リッピア斑入り（フリップフロップ）

科名 クマツヅラ科
別名 メキシカンスイートハーブ
生育タイプ 半耐寒性多年草
日照 日なた〜半日陰　草丈 5〜20cm

緑色の葉に明るい斑が入り、夏には白い小花を咲かせ、かわいらしい印象を与える。暑さに強く、繁殖力旺盛。

ワイヤープランツ（スポットライト）

科名 タデ科　別名 ―
生育タイプ 常緑低木
日照 日なた〜半日陰　草丈 5〜20cm

ワイヤープランツの斑入り品種。葉は光沢があり、クリーム色やピンク色の斑が入る。強健で生育旺盛だが、高温多湿に弱いので、風通しよく管理する。

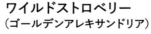

ワイルドストロベリー（ゴールデンアレキサンドリア）

科名 バラ科　別名：―
生育タイプ 多年草
日照 日なた　草丈 10〜20cm

ワイルドストロベリーの黄〜ライム葉の品種。実は甘く、生食にも向く。暑さや寒さに強く、育てやすい。

ワイルドストロベリー（トロピカルフレグランス）

科名 バラ科　別名 ―
生育タイプ 多年草
日照 日なた　草丈 15〜20cm

白実の品種。実は熟すとパイナップルのような香りがある。暑さや寒さに強く、日当たりのよい場所を好む。

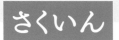

さくいん

PART3、PART4、PART6で紹介した植物名さくいんです。
黒字は植物名で、別名を紹介したものは青字で記しています。

ラ・ワ

マ

ヤ

用語集

あ

一年草　いちねんそう
タネから1年以内に枯れ、タネの形で休眠する。花苗が多く、カラーリーフの種類は少ない。

園芸品種　えんげいひんしゅ
原種などから選抜・交配などでつくられた品種。

か

萼　がく
花のもっとも外側にある葉が変化したもの。萼を構成する1片を萼片という。萼片が花弁のような花もある。

花茎　かけい
先端に花がつき、その下の葉がついていない茎の部分。

花穂　かすい
花茎に複数の小花が密に咲き、穂のように見える花のつき方。

化成肥料　かせいひりょう
チッ素、リン酸、カリのうち、2つ以上の成分を含む化学的に合成された無機質肥料。

株元　かぶもと
土に植えられた植物の、地面と接している部分。

花弁　かべん
花びらのこと。

休眠　きゅうみん
植物には、開花や結実、球根の形成などを終えると、生育を停止、あるいは停止に近い状態になり、ある時期が来ると再び生育を開始するものがある。この一時的な生育の停止、あるいは弱まりを休眠という。

切り戻し　きりもどし
枝や茎の先端からつけ根の間を切ること。切り詰め・切り返しともいう。

グラウンドカバー
グラウンドカバープランツのこと。庭や花壇の地面を覆うように広がって育つ丈の低い植物。生育が旺盛で手間がかからないものが利用される。

光合成　こうごうせい
光のエネルギーを化学エネルギーに変換して有機物をつくり出す反応のこと。

さ

地際　じぎわ
茎の地面に近い部分。

自生　じせい
植物が自然の状態で生育・繁殖すること。

遮光　しゃこう
夏の強い日差しをさえぎるために、よしずなどで光を当てない、または光の当たり方を弱める方法。

樹形　じゅけい
根、幹、枝、葉によって形づくられる樹木全体の形のこと。

宿根草　しゅっこんそう
多年草のうち、生育に適さない時期に地上部が枯れて、根や芽の状態で休眠する植物の園芸的な呼び方。

外葉　そとば
株の一番外側にある葉。

た

耐寒性　たいかんせい
作物の寒さに耐える能力。種類によって耐寒性は異なる。

堆肥　たいひ
ワラや落ち葉、家畜のふん尿などの有機質資材を堆積し、好気的発酵させて、腐熟させたもの。土壌改良材として利用される。

多年草　たねんそう
地上部が枯れても、根などで休眠して再び芽吹く。カラーリーフのほとんどが多年草。

単葉　たんよう
葉一枚からできているもので、切れ込みのあるものとないものがある。

団粒構造　だんりゅうこうぞう
土の粒子が結びついて団粒をつくり、さらに大きな団粒となる構造。水はけ、水もち、保肥性に優れる。

低木　ていぼく
高さ3ｍ以下になる樹木のこと。寄せ植えではそれほど大きくならず、庭木では高さ1〜3ｍに仕立てる樹木。

底面灌水　ていめんかんすい
受け皿に貯めた水に浸け、鉢の底から水を与える方法。寄せ植えでは、リースなど給水しやすい器に複数の株が入ったものに行う。器の大きさによるが、通常半日ほど土に水が行き渡るまで浸ける。

土質　どしつ
土の性質のこと。植物の栽培では水はけ、水もちのよい土が理想。

な

二年草　にねんそう
タネまきから1年以上2年以内に枯れ、タネの形で休眠する植物。

根腐れ　ねぐされ
土の中が常に過湿の状態で、根に酸素が供給されず、生育が悪くなる。進行すると枯れてしまう。水を与えすぎないように注意する。

根鉢　ねばち
ポット育苗した苗のうち、根が土を抱えるように形が維持された部分。

は

バーク堆肥　ばーくたいひ
木の皮（バーク）を原料に、細かく砕いて発酵させたもの。肥料分はほぼなく、植えつけのときに肥料を与える。

排水性　はいすいせい
土の水はけの程度を表す。

培養土　ばいようど
植物が生育しやすいようにブレンドされた土。花や野菜など専用のものが市販されている。

葉焼け　はやけ
強い直射日光で葉が変色すること。とくに夏の西日では多くの植物が葉焼けを起こしやすい。

半日陰　はんひかげ
1日3時間程度、光の当たる場所。木陰などやわらかな光が当たる場所も含む。

pH　ぴーえいち／ぺーはー
水溶液中の水素イオンの量を表し、酸性、アルカリ性、中性といった水溶液の性質を表す。pHは0〜14の数値で表され、pH7が中性、それより大きければアルカリ性、小さければ酸性で、数値が7から離れるほど、その性質の程度が大きい。

斑　ふ
葉の一部が葉緑素を失って、白や黄色に変化したもの。斑入りの植物は強い日差しで葉を傷めることがある。

複葉　ふくよう
複数の小さな葉（小葉）で一枚となる葉のこと。羽状複葉、三出複葉などがある。

腐葉土　ふようど
落ち葉を集めて積み上げ発酵・腐熟させたもの。主に土壌改良材として利用する。

苞　ほう
花や花序を抱くようにつく、小さな葉を苞、または苞葉という。複数の苞の集まりを総苞という。

保肥性　ほひせい
土が肥料を保持しやすい能力のこと。

や

葉脈　ようみゃく
葉に模様のように広がる線のようなもの。

有機質肥料　ゆうきしつひりょう
動植物由来の原料からつくられた肥料。土の微生物によって分解されるため、効果が表れるまでに時間がかかる。

有機物　ゆうきぶつ
炭素を含む有機化合物のこと。動物や植物の体を構成している物質。

監修 オザキフラワーパーク

1961年、東京都練馬区石神井台に園芸植物の生産業として創業。1975年、現在の園芸専門店として開店。その後、ライフスタイル商品、アクア、カフェなど売場を拡大し、現在は駐車場を含めて約3000坪の敷地にて営業している。季節の花苗や庭木、観葉植物、多肉植物、珍奇植物、生花、野菜苗など、あらゆる植物の販売や情報発信、イベント開催を行う。販売している植物の種類・数とも都内最大級。

監修書に『花の寄せ植え 主役の花が引き立つ組み合わせ』『プランターで楽しむ おうちで野菜づくり』（ともに池田書店）、『はじめての多肉植物 育てる・ふやす・楽しむ』（新星出版社）、『枯らさず長く楽しむ 花の育て方図鑑』（家の光協会）がある。

HP：https://ozaki-flowerpark.co.jp/
住所：東京都練馬区石神井台4丁目6番地32号
電話：03-3929-0544（代表）

写真撮影	田中つとむ、新井大介
撮影協力	浜地裕子
デザイン・DTP	松田剛、大矢佳喜子（東京100ミリバールスタジオ）
原稿作成	新井大介、齊藤綾子、田中つとむ
校正	齊藤綾子、西進社
編集	新井大介

寄せ植えが映える
カラーリーフの選び方・使い方

監修者	オザキフラワーパーク
発行者	池田士文
印刷所	大日本印刷株式会社
製本所	大日本印刷株式会社
発行所	株式会社池田書店
	〒162-0851
	東京都新宿区弁天町43番地
	電話 03-3267-6821（代）
	FAX 03-3235-6672

[本書内容に関するお問い合わせ]
書書名、該当ページを明記の上、郵送、FAX、または当社ホームページお問い合わせフォームからお送りください。なお回答にはお時間がかかる場合がございます。 電話によるお問い合わせはお受けしておりません。また本書内容以外のご質問などにもお答えできませんので、あらかじめご了承ください。本書のご感想についても、当社HPフォームよりお寄せください。
[お問い合わせ・ご感想フォーム]
当社ホームページから
https://www.ikedashoten.co.jp/

24000004